网络服务器管理教程

陈 波 主编

上海交通大学出版社
SHANGHAI JIAO TONG UNIVERSITY PRESS

内容提要

本书包括基础知识、网络配置和运维、系统配置、虚拟化配置等四篇，系统介绍了典型中小 IT 企业网络服务器管理中涉及的操作系统、网络架构及系统软件的安装与配置方法，以及小型服务器集群的构建等知识，侧重对备受关注的容器虚拟化技术进行了阐述。

本书从网络服务器管理岗位的实际需求角度出发，帮助读者理解、分析和解决服务器管理中的实际问题。

图书在版编目（CIP）数据

网络服务器管理教程/陈波主编. —上海：上海交通大学出版社，2018

ISBN 978-7-313-20780-7

Ⅰ. ①网… Ⅱ. ①陈… Ⅲ. ①网络服务器—教材 Ⅳ. ①TP368.5

中国版本图书馆 CIP 数据核字（2019）第 001752 号

网络服务器管理教程

主　　编：陈　波

出版发行：上海交通大学出版社　　　　　　地　　址：上海市番禺路 951 号

邮政编码：200030　　　　　　　　　　　　电　　话：021-64071208

印　　制：北京虎彩文化传播有限公司　　　经　　销：全国新华书店

开　　本：710×1000mm　1/16　　　　　　印　　张：17

字　　数：187 千字

版　　次：2019 年 4 月第 1 版　　　　　　印　　次：2019 年 4 月第 1 次印刷

书　　号：ISBN 978-7-313-20780-7/TP

定　　价：88.00 元

前 言

当前，作为信息技术服务基础层的网络运维（运行及维护）管理市场迎来新的变革，尤其对网络服务器管理人才的需求非常紧迫。前些年，由于运维行业技术门槛相对较低，部分企业由开发人员兼职运维岗位，只对服务器做一些打打补丁之类的简单管理。随着云服务的发展，网络服务器的重要地位越来越突出，对维护人员的专业化程度要求越来越高，掌握专业服务器运维知识的人员也成为 IT 职场中备受青睐的紧缺人才。

然而，目前网络服务器管理的教学实践与人才培养之间还存在很大差距。很多学生虽然已经学习了操作系统、计算机网络、编程语言等相关课程，但没有服务器管理的全局观，也缺乏动手能力，难以将理论联系实践。网络服务器管理涉及的知识点散布在多门课程中，体系结构不够系统，或者知识不够全面，以至于学生难以掌握切实可用的技能。因此，我们在近几年讲授网络服务器管理的课程讲义的基础上，经过归纳和整理，推出了这本《网络服务器管理教程》。

本书以与企业中所用环境 Red Hat Enterprise Linux 较为接近的 Linux版本——CentOS 7.3 为开发环境，而没有采用逐渐失去市场的 WindowsNT Server 以及以个人学习目的为主的 Ubuntu 系统，与企业实际部署情况更为接近。Linux 的基本命令都是相通的，具备 Ubuntu 或其他 Linux系统基础知识的读者可以很快地适应 CentOS 环境。出于同样的考虑，本书第一部分略过了 Linux 常用命令、Shell 编程基础、内核、网络服务原理等基础性的内容，而将重点突出在新型文件系统 ext4、大容量磁盘管理、

和服务器启动过程的介绍上。

网络服务器是专指某些高性能计算机，能够通过网络，对外提供某类服务。本书的第二部分，重点对实际生产环境中经常接触到的网络接入配置、防火墙、运行级别、安全协议、域名服务、定时任务等进行介绍，涉及符合企业需求的常用工具搭建运维环境。

被安装到服务器上的软件，都是公司开展正常研发工作所必须的各类工具。本书的第三部分，重点介绍邮件、文件共享服务器软件的安装，对开发型公司，以目前最为流行的两套技术协议栈，LAMP 和 MEAN 为实例，介绍了相关软件的安装与配置。

虚拟化是云计算的关键技术之一，它可以获取更高的工作负载移动性、更优异的性能和资源可用性，同时大幅节约成本。随着云计算技术的迅速落地，很多读者都在尝试云服务商们提供的各类服务，对构建自己的云计算系统也很有兴趣。本书的第四部分重点介绍虚拟化技术的原理，并选择当前最热门的 docker 和 kubernetes 作为案例进行讲解。

本书共有 24 章，分为四个部分，各部分的大体内容如下。

第一部分是服务器运维管理的基础知识，首先陈述了运维的意义，介绍了运维管理的背景、挑战，运维体系的结构和运作方式，接着重点对 Linux 文件系统、磁盘和逻辑卷、服务器设备管理这三个问题，针对服务器特色进行了介绍。通过本部分的学习，读者可对网络服务器管理的背景有所了解，并能了解服务器与普通工作站机器的不同。

第二部分是服务器的网络配置与运维，讲解了 Linux 系统中常见网络服务的原理与安装配置，包括 DHCP 服务、DNS 服务、电子邮件服务以及 NFS 服务。接着讲解了与网络安全相关的配置，包括防火墙、IPSec 等，最后对 CentOS 系统中使用的防火墙工具——iptables、firewalld 的使用方式进行了介绍。

第三部分主要讲解了网络服务器上安装的邮件、文件共享等工具软件，包括如何通过用户及组群管理实现访问控制。在技术协议栈软件上，选取了 LAMP（Linux＋Apache＋MySQL＋PHP）和 MEAN（MongoDB＋Express＋Angular＋NodeJS）进行了讲解。

第四部分主要讲解了与虚拟化技术相关的知识，包括虚拟化简介、虚拟化原理与架构、如何用 docker 搭建虚拟化环境、如何在单机上使用 minikube 搭建个人计算机集群和使用 Kubernetes 构建多机集群的知识。

读者若不能完全理解教材中所讲知识，可登录配套网站，配合平台中的教学资料进行学习。此外，在学习的过程中，务必要勤于练习，确保真正掌握所学知识。

目　录

第 1 部分　基础知识

第 2 部分　网络配置与运维

第 3 部分　系统配置

第 4 部分　虚拟化配置

第 1 部分　基础知识

1.1 运维基础知识

1.1.1 运维面对的挑战

假设你被一家 IT 公司录用为运维人员，这家公司的主要产品是一个线上游戏，说不定你也曾经玩过。以后可以抢先玩新关卡了，是不是很爽？且慢，老板首先跟你讲了几个需求：

第一个是游戏的需求。它表现为三个方面：一是游戏数量多，现在运营的游戏可能多达近百款。二是游戏架构复杂。游戏公司和一般的互联网公司有一个很大的区别，就是游戏的来源可能有很多，比如有国外的、国内的，有大厂商的、小厂商的；每个游戏的架构可能不一样，有的是分区制的，有的是集中制的，各种各样的需求。三是操作系统种类多，这与刚才的情况类似，游戏开发者的背景与编程喜好不一样，会有 Windows、Linux 等。

第二个是在硬件环境方面，主要表现为服务器数量多、服务器型号多。公司在发展过程中分批、分期采购的服务器几乎横跨 OEM 厂商的各大产品线，型号多而杂。

最后是人的因素。如果大家的技术能力都很强，很多时候一个人可以完成所有工作，可能也就不需要自动化运维体系了。正是因为每个人的能力不一样，技术水平参差不齐，甚至是习惯和工具也不一样，导致公司必须要创建一套规范的运维体系来提升工作效率。

1.1.2　建设运维体系的目标

接着，经理提出建设自动化运维体系的目标，总结为四个词。

第一个是"完备"，这个系统要能涵盖所有的运维需求。

第二个是"简洁"，简单好用。如果系统的操作流程、操作界面、设计思想都比较复杂，运维人员的学习成本就会很高，使用的效果不佳，系统的能力、发挥的效率也会因此打折扣。

第三个是"高效"，特别是在批量处理或者执行特定任务时，希望系统能够及时给用户反馈。

第四个是"安全"，如果一个系统不安全，可能很快就会被黑客接管，所以安全也是重要的因素。

1.1.3　运维体系的结构和运作方式

自动化运维体系往往分成几个子系统联合起来工作。首先，服务器会由自动化安装系统完成安装，然后被自动化运维平台接管。自动化运维平台会对自动化安检系统、自动化客户端更新系统和服务器端更新系统提供底层支撑。自动化数据分析系统与自动化客户端更新系统相关联，因此，自动化数据分析系统会对自动化客户端更新系统的结果给予反馈。

1. 自动化安装系统

自动化安装的整个流程采用通用的框架，首先由 PXE 启动，选择需要安装的操作系统类型（安装 Windows 或者 Linux），然后根据 Windows 系统自动识别出需要安装的驱动。服务器交付用户之前，会进行基本的安全设置，例如防火墙设置以及关闭 Windows 共享，这在一定程度上提高了安全性，也减少了一些人工操作。

2. 自动化运维平台

当服务器由自动化安装系统安装完成以后，就会被自动化运维平台接管。自动化运维平台是运维人员的作业平台，它主要解决的就是因服务器、操作系统异构且数量多而带来的管理问题。操作系统五花八门，需要在设计系统过程中考虑以下几个因素：把整个系统的用户界面设计成基于浏览器的架构；统一管理异构服务器；充分利用现有协议和工具。

3. 自动化安检系统

下一个系统是自动化安检系统。由于子系统比较多，业务也比较多，怎样设计一套系统去保障它们的安全呢？这里主要是两个系统：自动化安检平台和服务器端。

先来看自动化安检平台。游戏公司和一般的互联网公司有一个区别，就是前者需要给玩家发送很多的客户端（特别是有的客户端比较大），或者补丁文件去更新、下载和安装。如果这些文件里面出现病毒和木马，将是一件很糟糕的事情，甚至会对业务和公司的声誉造成恶劣影响。在这些文件被发到玩家电脑上之前，必须经过病毒检测系统检测，确保它没有被注入相应的病毒代码。

再来看服务器端，主要是通过安全扫描架构来保障安全。安全并不是一蹴而就，一劳永逸的。如果不对系统进行持续地检查、检测、探测，那么你的一些错误操作会导致系统暴露在互联网上，或者是暴露在恶意攻击者的眼皮之下。通过一种主动、自发的安全扫描架构对所有服务器进行安全扫描，就能在很大程度上规避这样的问题。

4. 自动化客户端更新系统

游戏是有周期性的，特别是在游戏发布当天或者有版本更新的时候，此时玩家活跃度很高，下载行为也比较多，但是平时的更新和下载带宽可能并不大，这也是游戏的显著特点。这个特点对于我们构建一个分发系统提出了很大的挑战。第一个挑战就是在高峰时游戏产生的带宽可能达到数百 GB。第二是非法缓存的问题。很多小运营商或者中小规模的运营商会有一些缓存机制，这个缓存机制如果处理得不好，会对业务造成影响。第三是关于 DNS 调度的问题。DNS 调度是基于玩家本身的 Local DNS 的机制解析的，会有调度不准确的问题。第四是 DNS 污染，或者是 DNS TTL

的机制导致调度不那么灵敏和准确。

5. 自动化服务器端更新系统

现在的服务器端更新模式主要采用 CDN（Content Delivery Network）的方式和 P2P（Peer to peer Networking）的方式。CDN 是由目标服务器通过缓存节点到中央节点下载，由缓存节点缓存控制，这样可以减少网间传输的数据量以及提高效率。P2P，顾名思义就是没有中央节点，各个节点的地位都是相同的，因此不会受制于中央节点的带宽，但是在生产环境中用于大文件分发的时候会有几个问题。一是安全控制的问题，很难让这些服务器之间又能传数据既能进行安全端口的保护。二是在 P2P 里做流量控制或者流量限定也是一个挑战。

6. 自动化数据分析系统

关于客户端更新，要看更新的效果如何，玩家到底有没有安装成功或者进入游戏，很多时候只能看日志。但是日志里面的很多信息是不完善和不完整的。下载客户端的时候，如果看 HTTP 的日志的话，里面是 206（部分内容）的代码，就很难计算出玩家到底完整下载了多少客户端，甚至是否下载成功，校验结果是否正确，也很难知道。所以需要设计一个自动化数据分析系统，目的就是分析用户从开始下载到登录游戏，数据到底是怎样转化的。很多时候，比如因为网络不好，导致用户最终没有下载成功，或者是因为账号的一些问题，用户最终没有登录到游戏里面去。无论是哪种情况，都说明用户最终没有进入游戏。我们的目标就是分析搜集到的数据，让最终登录的用户数接近于起初下载客户端的用户数。

7. 自动化数据备份系统

有些公司的备份系统的设计和实现比较简单：机房会有一台 FTP 服务

器，本机房的数据写入 FTP 服务器，然后写入磁带、盘柜或光盘等，但是这样就导致介质是分散的，没有集中存放的地方；另外，基于 FTP 的上传会有带宽甚至有延迟的要求，如何简化配置，提高传输效率和成功率是公司正在考虑的大问题。

8. 自动化监控报警系统

游戏的架构中有游戏客户端、服务器端、网络链路，所以必须要有比较完整的体系进行全方位、立体式的监控，才能保证在业务发生问题之前进行预警，或者在发生问题时报警。对于机房链路，有 IDC（Internet Data Center）的网络质量监控；在服务器、网络设备和硬件方面，需要做服务器的健康检查、性能监控，以及网络设备和流量监控；在系统程序方面，需要收集和分析系统日志；在游戏服务器端应用方面，有服务器端的程序监控；在客户端方面，收集植入的 SDK（Software Development kit）做下载更新后的效果，以及收集崩溃的数据。

1.1.4 运维工程师职业规划

从行业角度来看，随着中国互联网的高速发展（目前中国网民已跃升为全球第一）、网站规模越来越大、架构越来越复杂，对专职网站运维工程师、网站架构师的要求会越来越急迫，特别是对有经验的优秀运维人才需求量大，而且是越老越值钱。目前国内基本上都是选择毕业生培养（限于大公司），培养成本高，而且没有经验人才加入会导致公司技术更新缓慢、影响公司的技术发展。

IT 技术一直在呈指数级别的发展，运维工程师面临的挑战越来越大，划分的岗位也越来越细。根据面向的不同，岗位的划分有：基础运维、应用运维、系统运维、虚拟化运维、存储运维、网络运维等。根据职业发展

的层次而言，岗位的划分有：桌面运维、系统运维、开发型运维、系统架构师。

无论你找的是什么运维，不会 Linux 你就丧失了至少一半的竞争概率。Why? 因为服务器端的系统几乎都是 Linux 啊！

不管你承不承认，其实你每天都在使用 Linux。每次你访问微博、微信甚至是绝大部分网站，你的客户端（浏览器）都在与运行在 Linux 系统上的服务端程序进行通信。大多数的电子设备，例如数字录像机、音乐播放器、智能电视以及近年来的自动驾驶汽车等，它们也大都跑在 Linux 之上，如果你正在使用 Android 手机，那么你更是无时无刻地在使用 Linux，有过刷机经验的人大概都通过 adb 向 Linux 发起过命令，虽然你可能并不懂这条命令是干吗用的。

从本质来讲，Linux 仅仅是一款软件，用于控制那些硬件设备，譬如家用 PC、服务器、手机、网络设备，以及很多叫不上名的各式各样的设备。原因如下：

1. Linux 是开放的

Linux 是基于 GNU/GPL 许可证下发行的，这意味着你可以在任何场景下将 Linux 用于你的产品、服务，这通常是免费使用的，只要你遵守 GPL 协议。Linux 系统在自由软件中具有成本低、稳定性好、安全性高等特点，所以能形成庞大的社区。在 Linux 社区中，有成千上万的来自全世界的精英们在使用 Linux，并帮助 Linux 在更多的设备、平台上运行。

2. Linux 是自由的

Linux 是自由的，任何使用它的人都可以在遵守协议的情况下对其进行更适合自己的改造，例如 Android 就是个很好的例子，Android 使得 Linux 在移动端情景下的使用迈出了全新的一步。

3. Linux 是免费的

每次重装 Windows 系统，你都要花大把时间（金钱）去激活系统，你还没有受够这种限制？Linux 是免费的，其上运行的大多数软件同样是免费的！

作为一名 IT 从业者，甭管是一名平面设计、网络工程师、苦逼的程序员，都应该去了解 Linux，因为 Linux 是很基础的，学习 Linux 会让你对你所使用的程序、你所调试的设备多一分理解、多一分认知。

1.2　Linux 文件系统

1.2.1　ext4 的特性

ext4 文件系统是 ext3 文件系统的增进版本，往前是 ext2，再往前，就是 ext。ext 的全称是扩展的文件系统（Extended file system），它的历史可以追溯到 1992 年。在有 ext 之前，使用的是 MINIX 文件系统，它的作者是 Andrew S. Tanenbaum，很多同学应该都看过他写的关于操作系统和网络的教科书。Tanenbaum 为了教学的目的而开发了它，并于 1987 年发布了源代码（和 MINIX 1.0 操作系统一同发布，有很多学校选用 Tanbenbaum 写的 MINIX 书作为操作系统大型实验课的重要参考书）。也因为这个原因，刚跨入 20 世纪 90 年代时，一个名叫 Linus Torvalds 的年轻人在大学里使用 MINIX 来开发原始 Linux 内核，并于 1991 年首次公布，而后在 1992 年 12 月在 GPL 开源协议下发布。

因为 MINIX 的设计初衷只是用于教学，因此整个系统都如同玩具那般小（如果太复杂的话，学生就不高兴学了），比如 MINIX 文件系统最多能处理 14 个字符的文件名，并且只能处理 64MB 的存储空间。而在 1991 年，一般的硬盘尺寸已经达到了 40MB～140MB。很显然，Linux 需要一个更好的文件系统。

当 Linus 开发出刚起步的 Linux 内核时，Rémy Card 正在从事第一代的 ext 文件系统的开发工作。ext 文件系统在 1992 年首次实现并发布（仅在 Linux 首次发布后的一年！）正如名字所提示的，ext 相比之前的 MINIX 文件系统，至少在文件大小和文件名长度上得到了扩展，ext 可以处理高达 2GB 存储空间并处理 255 个字符的文件名。不过 ext 本身还是存在不少弱点，因此一年后 Rémy Card 就推出更新的一个版本：ext2。

1998 年，在 ext2 被采用后的 6 年后，Stephen Tweedie 宣布他正在致力于改进 ext2。这成了 ext3，并于 2001 年 11 月在 2.4.15 内核版本中被采用到 Linux 内核主线中。

ext3 主要解决文件系统的一个大问题：服务器跑着跑着，突然断电了怎么办？早期的文件系统，在断电时容易发生灾难性的破坏，因为有大量的数据都还在内存里，内存是由动态 RAM 组成的，一旦掉电，其中的数据就全丢了。如果在将数据写入文件系统时候发生断电，则可能会将其留在所谓不一致的状态：事情只完成一半而另一半未完成。好比说你在往硬盘里拷一部 4G 的电影，拷到一半的时候突然停电了，结果是 2G 已经在你的硬盘上了，还有 2G 还在原来的地方。再如果你是在拷贝 1 000 个文件，结果拷到 500 个的时候停电了，这都有可能导致大量文件丢失或损坏，甚至导致整个文件系统无法卸载。

ext3 和 20 世纪 90 年代后期的其他文件系统，如微软的 NTFS，使用"日志"来解决这个问题。日志是磁盘上的一种特殊的分配区域，其写入被存储在事务中；如果该事务完成磁盘写入，则日志中的数据将提交给文件系统自身。如果系统在该操作提交前崩溃，则重新启动的系统识别其为未完成的事务而将其进行回滚，就像从未发生过一样。这意味着正在处理的文件可能依然会丢失，但文件系统本身保持一致，且其他所有数据都是安全的。

Theodore Ts'o（是当时 ext3 主要开发人员）在 2006 年发表了 ext4，于两年后在 2.6.28 内核版本中被加入到了 Linux 主线。Ts'o 将 ext4 描述

为一个显著扩展 ext3 但仍然依赖于旧技术的临时技术。

1. ext 4 的特点

（1）对文件大小的扩充，更大的文件系统和更大的文件。与目前 ext3 所支持的最大 16TB 文件系统和最大 2TB 文件相比，ext4 分别支持 1EB（1 048 576TB，1EB＝1 024PB，1PB＝1 024TB）的文件系统，以及 16TB 的文件。

在子目录数量限制上，ext3 目前只支持 32 000 个子目录，而 ext4 支持无限数量的子目录。

（2）可用性。日志（journal）是最常用的部分，也极易导致磁盘硬件故障，而从损坏的日志中恢复数据会导致更多的数据损坏。ext4 的日志校验功能可以很方便地判断日志数据是否损坏，而且它将 ext3 的两阶段日志机制合并成一个阶段，在增加安全性的同时提高了性能。

（3）数据完备性。ext4 文件系统在发生了不洁系统关机时提供更强健的数据完好性保障。ext4 文件系统允许选择数据保护类型和级别。按照默认配置，ext4 文件卷被配置要保持数据与文件系统状态的高度一致性。

在 Linux 里面有一个 e2fsck 的命令，可以检查及修复文件系统。

使用例子：

检查 /dev/sda1 是否有问题，如发现问题便自动修复：

```
e2fsck -a -y /dev/sda1
```

执行 e2fsck 或 fsck 前要先 umount 分区，否则有可能会造成数据的不一致。e2fsck 命令可以检查 ext2/ext3/ext4 的分区，不过在 ext4 使用机会不多。我们偶尔会用 e2fsck 这个命令，一般是在云磁盘的扩容时。

（4）转换方便，与 ext3 兼容。执行若干条命令，就能从 ext3 在线迁移到 ext4，而无须重新格式化磁盘或重新安装系统。原有 ext3 数据结构照样保留，ext4 作用于新数据，当然，整个文件系统因此也就获得了 ext4 所支持的更大容量。

1.2.2 创建一个 ext4 文件系统

安装后，有时有必要创建一个新的 ext4 文件系统。譬如，如果给红帽 Linux 系统添加一个新的磁盘驱动器，你可能想给这个磁盘驱动器分区，并使用 ext4 文件系统。

创建 ext4 文件系统的步骤如下所列：

（1）使用 parted 或 fdisk 来创建分区。

（2）使用 mkfs 来把分区格式化为 ext4 文件系统。

（3）使用 e2label 给分区标签。

（4）创建挂载点。

（5）把分区添加到 /etc/fstab 文件中。

1.2.3 转换到 ext4 文件系统

tune2fs 程序能够不改变分区上的已存数据来给现存的 ext2/ext3/ext4 文件系统添加一个登记报表。如果文件系统在改换期间已被挂载，该登记报表就会被显示为文件系统的根目录中的.journal 文件。如果文件系统没有被挂载，登记报表就会被隐藏，不会出现在文件系统中。

要把 ext2/ext3 文件系统转换成 ext4，登录为根用户后键入：

```
/sbin/tune2fs-j /dev/hdbX
```

在以上命令中，把 /dev/hdb 替换成设备名，把 X 替换成分区号码。

以上命令执行完毕后，请确定把 /etc/fstab 文件中的 ext2/ext3 文件

系统改成 ext4 文件系统：

```
mount-t ext4 /dev/device /mount/point
```

这时候就可以使用 ext4 中不涉及文件系统转换的新特性，如延迟分配、多块分配等。因为没有文件系统的转换，下次仍然可以按 ext3 系统挂载。

1.2.4　XFS 文件系统

因为 CentOS 7 的上游版本商业版红帽 RHEL 7 决定用 XFS 为默认文件系统，故而社区版的 CentOS 7 自然也得跟上步伐。

XFS 系统也是出自名门。1993 年，SGI 公司发现他们的现有文件系统正在迅速变得不适应当时激烈的计算竞争。为解决这个问题，SGI 决定设计一种全新的高性能 64 位文件系统，而不是试图调整现有文件系统的某些缺陷。1994 年 XFS 被首次部署在 IRIX5.3 上。2000 年 5 月，XFS 在 GNU 通用公共许可证下发布，并被移植到 Linux 上。2001 年 XFS 首次被 Linux 发行版所支持，现在所有的 Linux 发行版上都可以使用 XFS。

XFS 文件系统的主要特性包括以下几点：

1. 数据完全性

采用 XFS 文件系统，当意想不到的宕机发生后，首先，由于文件系统开启了日志功能，所以磁盘上的文件不再会意外宕机而遭到破坏了。不论目前文件系统上存储的文件与数据有多少，文件系统都可以根据所记录的日志在很短的时间内迅速恢复磁盘文件内容。

2. 传输特性

XFS 文件系统采用优化算法，日志记录对整体文件操作影响非常小。

XFS 查询与分配存储空间非常快，并且能连续提供快速的反应时间。曾有研究对 XFS、JFS、ext3、ReiserFS 文件系统进行过测试，XFS 文件系统的性能表现相当出众。

3. 可扩展性

XFS 是一个全 64－bit 的文件系统，它可以支持上百万 T 字节的存储空间。对特大文件及小尺寸文件的支持都表现出众，支持特大数量的目录。最大可支持的文件大小为 $2^{63} = 9 \times 10^{18} = 9$ exabytes，最大文件系统尺寸为 18 exabytes。

XFS 使用高效率的 B＋树管理磁盘空间，保证了文件系统可以快速搜索与快速空间分配。XFS 能够持续提供高速操作，文件系统的性能不受目录中目录及文件数量的限制。

4. 传输带宽

XFS 能以接近裸设备 I/O 的性能存储数据。在单个文件系统的测试中，其吞吐量最高可达 7GB 每秒，对单个文件的读写操作，其吞吐量可达 4GB 每秒。

1.2.5　添加交换空间

Linux 是一个需求分页的虚拟内存系统：所有内存都被分解为几千字节的小型等大小块，大多数这些块可以根据需求在 RAM 内外交换（或分页），除了那些已锁定且无法交换的页之外。Linux 中的交换空间（Swap space）在物理内存（RAM）被充满时被使用。如果系统需要更多的内存资源，而物理内存已经充满，内存中不活跃的页就会被转移到交换空间中。虽然交换空间可以为带有少量内存的机器提供帮助，但是这种方法不应该被当作是对内存的取代。毕竟交换空间位于硬盘驱动器上，它比进入物理内存要慢。

交换空间可以是一个专用的交换分区（推荐的方法），也可以是一个交换文件，或是两者的结合。交换分区相对而言要快一些。但是和 RAM 比较而言，交换分区的性能依然比不上物理内存，目前的服务器上 RAM 基本上都相当充足，那么是否可以考虑抛弃交换分区，不再需要保留交换分区呢？这也是 Linux 的系统管理员经常讨论的话题之一，概括起来有以下几点。

（1）当物理内存不足以支撑系统和应用程序（进程）的运作时，swap 交换分区可以用作临时存放使用率不高的内存分页，把腾出的内存交给急需的应用程序（进程）使用。有点类似机房的 UPS 系统，虽然正常情况下不需要使用，但是异常情况下，交换分区还是会发挥其关键作用。

（2）即使你的服务器拥有足够多的物理内存，也总有一些程序的一些代码片段，仅仅在初始化时用到，后面就几乎再也用不到了，这部分残留的内存分页就可以考虑转移到 swap 空间，以此让出物理内存空间。对于有发生内存泄漏概率的应用程序（进程），swap 交换分区更是重要，因为谁也不想看到由于物理内存不足导致系统崩溃。

（3）现在很多个人用户在使用 Linux，有些甚至是 PC 的虚拟机上使用 Linux 系统，此时可能常用到休眠（Hibernate），这种情况下也是推荐划分 Swap 交换分区的。

其实少量使用 swap 交换空间是不会影响性能，只有当 RAM 资源出现瓶颈或者内存泄漏，进程异常时导致频繁、大量使用交换分区才会导致严重性能问题。另外使用 swap 交换分区频繁，还会引起 kswapd0 进程（虚拟内存管理中，负责换页的）耗用大量 CPU 资源，导致 CPU 飙升。

当系统内存从 1GB 升级到 2GB，这时候就该相应地提升交换空间。如果你执行的是大量使用内存的操作或运行需要大量内存的程序，把交换区增加到 4GB 会比较有利。

你有两种选择：添加一个交换分区或添加一个交换文件。推荐你添加一个交换分区，不过，若你没有多少空闲空间可用，创建交换分区可能会不大容易。

可以通过 free 和 swapon 命令来检测当前的交换分区空间的大小。

```
$ free-h
total used free shared buff/cache available
Mem：2.0G 1.3G 139M 45M 483M 426M
Swap：2.0G 655M 1.4G
$ swapon--show
NAME TYPE SIZE USED PRIO
/dev/sda5 partition 2G 655.2M -1
```

上面的输出显示了当前的交换分区空间是 2GB。

1. 添加交换分区

假设 /dev/hdb2 是添加的交换分区。

（1）硬盘驱动器不能正在被使用（分区不能被挂载，交换分区不能被启用）。在使用硬盘时不能修改分区表的原因是，这样做使内核不能够正确识别这些改变。数据可能会由于分区表和所挂载的分区的错配而被写入错误的分区，从而被覆盖。

如果驱动器不包含任何被使用的分区，还可以卸载这些分区，使用 swapoff 命令来关闭硬盘驱动器上的所有交换空间。

（2）使用 parted 来创建交换分区：

①在 shell 提示下以根用户身份输入命令：

```
parted /dev/hdb
```

这里的 /dev/hdb 是带有空闲空间的硬盘驱动器的设备名称。

②在（parted）提示下，输入 print 来查看现存的分区和空闲空间的数量。起止值以 MB 为单位。判定硬盘驱动器上的空闲空间数量，以及你想给新建的交换分区分配的空间数量。

③在（parted）提示下，输入以下命令：

```
mkpartfs part-type linux-swap start end
```

这里的 part-type 是 primary，extended，logical 中的一个；start 是分区的起始点；end 是分区的终止点。

④输入 quit 来退出 parted。

（3）创建交换分区，使用 mkswap 命令来设置交换分区。在 shell 提示下以根用户身份输入以下命令：

```
mkswap /dev/hdb2
```

（4）立即启用交换分区，输入以下命令：

```
swapon /dev/hdb2
```

（5）在引导时启用，编辑/etc/fstab 文件来包含以下行：

/dev/hdb2	swap	swap
defaults	0	0

（6）在系统下次引导时，它就会启用新建的交换分区。

（7）新添交换分区并启用之后，请查看 cat/proc/swaps 或 free 命令的输出，确保交换分区已被启用。

2. 添加交换文件

（1）判定新交换文件的大小，将大小乘以 1 024 来判定块的大小。例如，大小为 64MB 的交换文件的块大小为 65 536。

☞ 18

（2）在 shell 提示下以根用户身份输入以下命令，其中的 count 等于想要的块大小：

```
dd if=/dev/zero of=/swapfile bs=1024 count=65536
```

（3）使用以下命令来设置交换文件：

```
mkswap /swapfile
```

（4）立即启用交换文件而不是在引导时自动启用，使用以下命令：

```
swapon /swapfile
```

（5）在引导时启用，编辑 /etc/fstab 文件来包含以下行：

/swapfile	swap	swap
defaults	0	0

（6）系统下次引导时，它就会启用新建的交换文件。

（7）新添交换分区并启用之后，请查看 cat/proc/swaps 或 free 命令的输出，确保交换分区已被启用。

1.2.6 删除交换空间

1. 删除交换分区

（1）硬盘驱动器不能正在被使用（分区不能被挂载，交换分区不能被启用）。

（2）在 shell 提示下以根用户身份输入以下命令来确定交换分区已被禁用（这里的 /dev/hdb2 是交换分区）：

```
swapoff /dev/hdb2
```

（3）从 /etc/fstab 中删除该项目。

（4）使用 parted 删除分区：

①在 shell 提示下以根用户身份输入命令：parted /dev/hdb。这里的 /dev/hdb 是要删除的交换空间的硬盘驱动器的设备名称。

②在（parted）提示下，输入 print 来查看现存的分区并判定删除的交换分区的次要号码。

③在（parted）提示下，输入 rm MINOR，这里的 MINOR 是删除的分区的次要号码。

④输入 quit 来退出 parted。

2. 删除交换文件

（1）在 shell 提示下以根用户身份执行以下命令来禁用交换文件（这里的 /swapfile 是交换文件）：

```
swapoff /swapfile
```

（2）从 /etc/fstab 中删除该项目。

（3）删除实际文件：

```
rm /swapfile
```

1.3 磁盘与逻辑卷

1.3.1 LVM 是什么

LVM 是一种把硬盘驱动器空间分配成逻辑卷的方法，这样硬盘就不必使用分区而被简易地重划大小。

使用 LVM，硬盘驱动器或硬盘驱动器集合就会分配给一个或多个物理卷（physical volumes）。物理卷无法跨越一个以上驱动器(见图 1.3.1)。

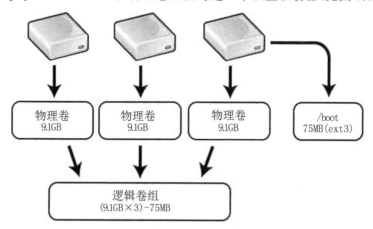

图 1.3.1 逻辑卷组

物理卷被合并成逻辑卷组（logical volume group），唯一的例外是/boot/分区。/boot/ 分区不能位于逻辑卷组，因为引导装载程序无法读取它。如果想把 / 分区放在逻辑卷上，需要创建一个分开的 /boot/ 分区，它不属于卷组的一部分。

由于物理卷无法跨越多个驱动器，想要让逻辑卷组跨越多个驱动器，就要在每个驱动器上创建一个或多个物理卷。

逻辑卷组被分成逻辑卷（logical volumes），它们被分配了挂载点（如 /home 和 /），以及文件系统类型（如 ext3）。当"分区"达到了它们的极限，逻辑卷组中的空闲空间就可以被添加给逻辑卷来增加分区的大小，如图 1.3.2 所示。当某个新的硬盘驱动器被添加到系统上，它可以被添加到逻辑卷组中，逻辑卷是可以扩展的分区。

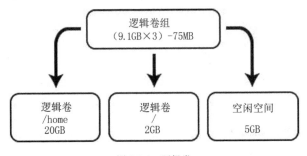

图 1.3.2　逻辑卷

另一方面，如果系统使用 ext3 文件系统来分区，硬盘驱动器将被分隔成指定大小的分区。如果某分区被填满，要扩展该分区的大小并不那么容易。即便某分区被移到另一个硬盘驱动器上，原来的硬盘驱动器空间必须得重新分配为不同的分区或不被使用。

LVM 支持必须被编译入内核。大多数 Linux 内核中已编译入了 LVM 支持。

1.3.2　磁盘存储区

许多用户可能想查看现存的分区表，改变分区的大小，删除分区，或从空闲空间或附加的硬盘驱动器上添加分区。parted 工具会允许你执行这些任务。本章讨论如何使用 parted 命令来执行文件系统任务。

你必须安装了 parted 软件包才能使用 parted 工具。要启动 parted，在

shell 提示下以根用户身份输入命令 parted /dev/hdb，这里的 /dev/hdb 是配置的设备名称。你会看到一个（parted）提示，输入 help 来查看可用命令的列表。

如果想创建、删除分区或重新划分分区大小，分区所在设备不能正在被使用（分区不能被挂载，并且交换空间不能被启用）。分区表在被使用时不能被修改的原因是，这样做会使内核无法正确地识别所做改变。由于分区表和所挂载的分区不匹配，数据可能会被写入错误的分区而被覆盖。达到这个目的的最简单方法是在救援模式中引导系统。

如果驱动器不包含任何正在被使用的分区，可以使用 umount 命令来卸载分区，使用 swapoff 命令来关闭硬盘驱动器上的交换空间。

表 1.3.1 包含一列最常用的 parted 命令。随后各节详细地解释了其中的一部分。

表 1.3.1　parted 命令

命令	描述
checkminor-num	执行文件系统的简单检查
cpfrom to	把文件系统从一个分区复制到另一个分区；from 和 to 是分区的次要号码
help	显示可用的命令列表
mklabellabel	为分区表创建磁盘标签
mkfsminor-num file-system-type	创建类型为 file-system-type 的文件系统
mkpartpart-type fs-type start-mb end-mb	不创建新文件系统而制作分区
mkpartfspart-type fs-type start-mb end-mb	制作分区并创建指定的文件系统
moveminor-num start-mb end-mb	移动分区
nameminor-um name	仅为 Mac 和 PC98 磁盘标签的分区命名
print	显示分区表
quit	Quit parted
rescuestart-mb end-mb	拯救一个丢失的分区，从 start-mb 到 end-mb
resizeminor-num start-mb end-mb	重新划分分区大小，从 start-mb 到 end-mb
rmminor-num	删除分区
selectdevice	选择另一个设备来配置
setminor-num flag state	在分区上设置标志；state 要么是 on，要么是 off

1.3.3　查看分区表

启动 parted 后，输入以下命令来查看分区表：

```
print
```

一个和以下相似的表会出现：

```
Disk geometry for /dev/hda：0.000－9765.492 megabytes
Disk label type：msdos
```

Minor	Start	End	Type	Filesystem	Flags
1	0.031	101.975	primary	ext3	boot
2	101.975	611.850	primary	linux-swap	
3	611.851	760.891	primary	ext3	
4	760.891	9758.232	extended		ba
5	760.922	9758.232	logical	ext3	

第一行显示了磁盘的大小；第二行显示了磁盘标签类型；剩余的输出显示了分区表。在分区表中，Minor（次要）标签是分区号码。例如，次要号码为 1 的分区和 /dev/hda1 相对。Start（开始）和 End（结束）值以 MB 为单位。Type（类型）是 primary、extended、logical 中的一个。File system（文件系统）是文件系统的类型，它可以是 ext2、ext3、FAT、hfs、jfs、linux-swap、ntfs、reiserfs、hp-ufs、sun-ufs 或 xfs 之一。Flags（标志）列出了分区被设置的标志。可用的标志有：boot、root、swap、hidden、raid、lvm 或 lba。

1.3.4　创建分区

在创建分区前，导入救援模式（或卸载设备上的所有分区并关闭设备上的交换空间）。

启动 parted，/dev/hda 是要在其中创建分区的设备：

```
parted /dev/hda
```

查看当前的分区表来判定设备上是否有足够的空闲空间。

```
print
```

如果空闲空间不够，可以重新划分现存分区的大小。

1．制作分区

根据分区表来决定新分区的起止点和分区类型。每个设备上只能有四个主分区（无扩展分区）。如果想有四个以上分区，可以有三个主分区，一个扩展分区，在扩展分区内可以有多个逻辑分区。

例如，要在某个硬盘驱动器上从 1024 MB 到 2048 MB 间创建一个文件系统为 ext2 的主分区，输入以下命令：

```
mkpart primary ext3 1024 2048
```

只有一按"Enter"键，改变才会发生，因此在执行前请检查一下命令。

创建了分区后，使用 print 命令来确认所建分区在分区表中，并具备正确的分区类型、文件系统类型和大小。你还需要记住新分区的次要号码，这样才可以给它注以标签。你应该查看

```
cat /proc/partitions
```

的输出来确定内核是否能够识别这个新分区。

2．格式化分区

分区现在还没有文件系统。用下面的命令来创建文件系统：

```
/sbin/mkfs-t ext3 /dev/hdb3
```

3. 给分区注明标签

下一步，给分区注明标签。例如，如果新分区是/dev/hda3，你想把它标为 /work：

E2label /dev/hda3 /work

安装程序默认使用分区的挂载点作为分区的标签来确定标签的独特性，你可以使用任何想用的标签。

4. 创建挂载点

以根用户身份创建挂载点：

mkdir /work

5. 添加到 /etc/fstab

以根用户身份编辑/etc/fstab 文件来包括新分区。新添的这一行应该类似：

LABEL＝/work　　/work　　　　　　ext3　defaults　　　12

第一列应该包含 LABEL＝，然后跟随你给分区注明的标签。第二列应该包含新分区的挂载点，下一列应该是文件系统类型（如 ext3 或 swap）。如果想了解更多关于格式化的信息，请阅读 man fstab 的说明书（man)页。

如果第四列是 defaults 这个词，分区就会在引导时被挂载。要不重新引导而挂载分区，以根用户身份输入以下命令：

mount /work

1.3.5 删除分区

在删除分区前，引导人救援模式（或卸载设备上的所有分区，关闭设备上的交换空间）。

启动 parted，这里的 /dev/hda 是要删除分区的设备：

```
parted /dev/hda
```

查看当前的分区表来判定要删除的分区的次要号码：

```
print
```

使用 rm 命令来删除分区。例如，要删除次要号码为 3 的分区：

```
rm 3
```

只有按"Enter"键，改变才发生，因此在执行前请检查一下命令。

删除了分区后，使用 print 命令来确认分区在分区表中是否已被删除。你还应该查看

```
cat /proc/partitions
```

的输出来确定内核知道分区已被删除。

最后一步是把它从/etc/fstab 文件中删除。找到和已被删除的分区相应的行，然后从文件中删除它。

1.3.6 重新划分分区大小

在重新划分分区大小前，引导人救援模式（或卸载设备上的所有分区并关闭设备上的交换空间）。

启动 parted，/dev/hda 是要在其中重新划分分区大小的设备：

```
parted /dev/hda
```

查看当前的分区表来判定要重划大小的分区的次要号码以及它的起止点：

```
print
```

要重新划分分区大小，使用 resize 命令，然后跟随分区的次要号码，以 MB 为单位的起始点和终止点。例如：

```
resize 3 1024 2048
```

分区被重新划分了大小后，使用 print 命令来确认分区已被正确地重新划分了大小，并且具备正确的分区类型和文件系统类型。

在正常模式下重新引导了系统后，使用 df 命令来确定分区已被挂载，并且它们的新大小也已被识别。

1.4 系统启动过程

1.4.1 概述

GNU GRUB（GNU GRand Unified Bootloader 的缩写）是 GNU Project 的一个引导加载程序包。GRUB 是自由软件基金会的多引导规范的参考实现，它为用户提供了引导计算机上安装的多个操作系统之一或选择特定操作系统分区上可用的特定内核配置的选择。

GNU GRUB 是从一个名为 Grand Unified Bootloader 的程序集开发的（GrandUnified Theory 上的一个脚本）。它主要用于 Unix 系统。GNU 操作系统使用 GNU GRUB 作为其引导加载程序，大多数 Linux 发行版和 X86 系统上的 Solaris 操作系统也是如此，从 Solaris 10 1/06 发行版开始。

简而言之，GRUB 是一个引导加载器，即计算机系统启动时第一个运行的程序。它是为了加载操作系统和转移控制权给操作系统内核，内核再继续启动完整的操作系统。

GNU GRUB 是一个非常强大的引导加载器，它可以加载种类繁多的操作系统，还支持链式加载"chain-loading"。

GRUB 最大的特性就是可扩展性。GRUB 支持文件系统和内核可执行格式，因此你可以用很多方式加载你的 OS，而不用记录下 OS 在磁盘的物理地址。比如使用分区名、路径和文件名指定文件。

当 GRUB 加载系统时，可以使用命令行交互模式，也可以使用菜单选择模式。使用命令行模式你需要指定内核的文件名和分区名。在菜单模式下，你只需要移动箭头来选择一个菜单然后按下回车。菜单使用一个配置文件来说明。

GRUB2 是重写 GRUB 后的升级版本，两者有很多相同的特性，但是也有很多地方发生了改变。

（1）新的配置文件名：/boot/grub/grub.cfg 而不是/boot/grub/menu.lst or grub.conf,配置文件有新的语法。因此不能直接使用 grub1 的配置文件。

（2）grub.cfg 由 grub2－mkconfig 命令产生。它方便升级内核版本。

（3）分区编号从 1 开始，而不是 0。

（4）配置文件现在是一个完整的脚本语言，它支持变量、条件、循环。

（5）save＿env 和 load＿env 支持对启动状态的本地保存。

（6）GRUB2 拥有更加聪明的算法用来找寻它所需要的文件。使用 search 命令你可以通过卷标或者 UUID 来选择磁盘。

（7）GRUB2 支持其他类型的系统：PC EFI，PC coreboot，PowerPC，SPARC，MIPS。

（8）支持多种文件系统，不仅仅限于：ext4，HFS＋，NTFS。

（9）GRUB2 可以直接从 LVM 和 RAID 中读取文件。

（10）支持图形终端和菜单系统。

GRUB 使用的设备语法相对于以前发生了重要变化。以前，IDE 设备的设备名称以 hd 开头，SCSI 设备的设备名称以 sd 开头。前缀后面跟随着一个代表驱动器顺序的字母，从 a 开始，如：/dev/hda 是第一个 IDE 硬盘驱动器，/dev/hdb 是第二个 IDE 硬盘驱动器，/dev/hdc 是第三个 IDE 硬盘驱动器，依此类推。如果设备名称后面跟随了一个数字，这个数字代表

分区号码。例如：/dev/hda1 代表第一个 IDE 驱动器的第一个分区。而在 GRUB 中，命名方式是这样的，举例说明如下：

（fd0）

首先 GRUB 需要设备名称被括在圆括号内，fd 表示软盘，数字 0 表示编号为 0 的设备（第一个软盘设备），编号从零开始计数。

（hd0，msdos2）

hd 意思是硬盘，数字 0 代表设备号，意味着是第一块硬盘。msdos 指出了分区类型，数字 2 代表分区编号。分区编号从 1 开始计数，而不是 0。因此上面的代码指定了第一个硬盘的第二个分区为 msdos 格式。

当你选择了分区时 GRUB 会尝试解析文件系统，并从分区中读取资料。

对于那些基于传统 BIOS 的机器，GRUB2 从/boot/grub2/grub. cfg 中读取配置信息。对于 UEFI 的机器，GRUB2 从/boot/efi/EFI/redhat/grub. cfg 从读取信息。这个文件中包含了引导菜单信息。

1.4.2　BIOS 安装

1. MBR

在 PC BIOS 平台，使用的分区表格式通常称作 MBR 格式（主引导记录）。这个格式最多允许 4 个主分区，和若干逻辑分区。

GRUB 开发者建议在第一个分区前嵌入 GRUB。除非你有特殊需求。你必须保证第一个分区前存在至少 31KB（63 扇区）的空间。在现代的磁盘中空间不再吃紧，因此最好分区时在第一个分区前保留 1MB 的空间。

2. GPT

一些新的系统使用 GUID 分区表（GPT）格式。这是 EFI 的一个特殊部分，如果你的软件支持，GPT 也可以在 BIOS 中使用。例如：GRUB 和 GNU/linux 可以用在这种情况。在 GPT 格式下可以为 GRUB 准备单独的分区，被称作 BIOS 引导分区。GRUB 可以被嵌入到那个专用分区中，从而避免被其他软件意外覆盖和文件系统导致的区块移动。

在 GPT 创建引导分区时，你需要确认分区至少有 31KB。GPT 格式的磁盘通常不应该有这么小容量的分区，所以建议引导分区容量大一点，比如 1MB，用来提供 GRUB 可能的扩展。你必须确定 boot 分区有合适的类型。如果使用 GNU parted 程序：

```
# parted /dev/DISK set PARTITION-NUMBER bios _ grub on
```

如果使用 gdisk 程序，需将分区类型设置为：0xEF02。

警告：对将要操作的分区要多加小心！当 GRUB 在安装时使用了 BIOS 引导分区时，它会自动格式化整个引导分区，并且把 GRUB 安装进去。请保证分区内不包含其他数据。

1.4.3 编写配置文件

GRUB2 的配置文件 grub.cfg 是在安装时，调用/usr/sbin/grub2-mk-config 实用程序产生的。它可以用来升级你的配置文件，也可以自动检测可用的内核，并且产生对应的菜单项。

grub2-mkconfig 有一些限制。当你希望在菜单项列表后面添加新的项目时你应该修改/etc/grub.d/40_custom 文件，或者创建/boot/grub2/custom.cfg 文件。修改菜单项的顺序，需要修改/etc/grub.d/内的文件的前缀的数字。与/etc/init.d 下面的脚本类似。数字决定运行的顺序，数字小的出现在前面。

```
[root@localhost] ll /etc/grub.d
总用量 48
-rwxr-xr-x. 1 root root 6709 5 月 7 21:50 00_header
-rwxr-xr-x. 1 root root 5959 5 月 7 21:50 10_linux
-rwxr-xr-x. 1 root root 5875 5 月 7 21:50 20_linux_xen
-rwxr-xr-x. 1 root root 5963 5 月 7 21:50 30_os-prober
-rwxr-xr-x. 1 root root 214 5 月 7 21:50 40_custom
-rwxr-xr-x. 1 root root 95 5 月 7 21:50 41_custom
-rw-r--r--. 1 root root 483 5 月 7 21:50 README
```

/etc/grub.d/下面的文件都是 shell 脚本。使用脚本机制是为了普通用户能够简单的管理菜单项。如果你能够自己写 grub.cfg 那么你可以不使用 grub2-mkconfig。

1.4.4　GRUB2 镜像文件列表

GRUB2 由若干镜像文件组成。多种类型的引导镜像（boot image），一个 GRUB 内核镜像（kernel image），一系列模块（GRUB modules）。它们共同组成核心镜像（core image）。

1.boot.img

PC BIOS 系统中，这个镜像是 GRUB 第一个运行的。它通常写入到硬盘的主引导记录（MBR），或者分区的引导扇区。由于 PC 引导扇区只有 512 字节，所以 boot.img 的大小等于 512 字节。

boot.img 的功能是加载 core.img 的第一个区段。由于 512 字节的容量限制所以 boot.img 不能理解文件系统。

在执行 grub2-setup 时，boot.img 内编码 core.img 第一个区块的硬件地址。

2. diskboot.img

当从硬盘启动时，核心镜像 core.img 的第一个区块内容为 diskboot. img。它用来读取剩余的核心镜像，并且加载 GRUB 内核。diskboot.img 也不能理解文件系统，它内部编码了核心镜像的区块地址列表。

3. cdboot.img

当从 CD 中启动时，核心镜像 core.img 的第一个区块内容为 cdboot. img。它的功能类似于 diskboot.img。

4. pxeboot.img

当使用 PXE 从网络启动时，核心镜像 core.img 的第一个区块内容为 pxeboot.img。它的功能类似于 diskboot.img。

5. lnkboot.img

lnkboot.img 放在 core.img 的开始，可以让 core.img 类似于 Linux 内核。此时 core.img 可以被其他加载器

作为 linux 内核加载。例如 LILO 使用 image＝XXX。

6. kernel.img

GRUB 内核镜像，包含了 GRUB 核心功能，她们是 GRUB 的本质。包括设备的处理、文件的处理、环境变量、救援模式，和命令行语法解析器等。它很少被直接使用，通常都是嵌入到 core.img 中。

7. core.img

这是 GRUB 加载时 MBR 中的 boot.img 跳转的文件，此文件内包含了一个 XXboot.img，和 kernel.img

还有任意数目的模块，也许还有一个配置文件。参考 grub2-mkimage。

*.mod

GRUB 的附加功能来自可动态加载的模块。这些模块可以被嵌入到 core.img 中，以便于在 GRUB 不能访问文件系统时加载。也可以放在文件系统中在 GRUB 启动后使用 insmod 命令加载。

1.4.5 GRUB 交互界面

GRUB 有两种交互方式，菜单交互和命令行交互。当 GRUB 启动时 GRUB 会搜索它的配置文件。如果发现了配置文件，那么会激活菜单界面，并且显示配置文件中定义的菜单项。如果没有找到配置文件，或者你在菜单界面中选择了 command-line，那么进入命令行模式。

1. 命令行界面

类似于 Unix 和 DOS 命令行界面会显示命令提示符然后等待输入。在按 "Enter" 键后，命令行中的命令立刻执行。除了在命令行中运行命令，所有命令都可以在配置文件中运行。光标的移动快捷键类似于 bash。

处在命令行交互下，可以使用 tab 进行命令补全。当光标在第一个 word 里面或者前面的时候按 "Tab" 键或者按 "Ctrl+I" 快捷键会显示当前可用的命令列表。如果光标在第一个 word 后面，Tab 会根据上下文进行补全：设备名、分区和文件绝对路径和文件名。提示：如果想获得可用设备的列表，先输一个左圆括号 "("，然后按 "Tab" 键。

2. 菜单界面

菜单界面很容易使用。它会在屏幕显示容易理解的标题和菜单项。当然菜单项需要通过配置文件定义。

一般来说菜单交互界面会提供一个由配置文件定义的引导项目的列

表。当你选择了这个项目时：

按"Enter"键就能运行这个菜单项所对应的命令，通常这些命令用于boot一个OS。如果你的项目被密码保护，那么执行命令之前你需要输入密码。

按"C"键，会进入命令行模式，显示命令提示符并且等待输入。此时按"Esc"键可以退回菜单模式。

按"E"键，会显示当前菜单项对应的命令，并且可以修改这些命令。修改完成后按"Ctrl＋X"快捷键就可以执行修改以后的代码。修改是临时的，下一次启动又恢复到未修改状态。

按"P"键，输入对应项目的密码。

3. 编辑菜单项

菜单项编辑器类似于一个菜单交互界面。但是每一行显示一条命令。在编辑器中按"Esc"键会放弃修改回到菜单界面。使用"Enter"键添加新行。修改完成后按"Ctrl＋X"快捷键就可以执行修改以后的代码。修改是临时的，下一次启动又恢复到未修改状态。

在编辑器中按"Esc"键，会丢弃所有修改，返回到菜单未修改状态。

在编辑器中按"Enter"键，会在当前行后面添加一个新行。

在编辑器中按"Ctrl＋X"快捷键，执行修改过后的条目。

GRUB不支持单步撤销，你只能丢弃所有修改然后重新编辑。

下面是一个典型安装的CentOS 7系统的启动菜单项配置，它包含如下信息：

```
＃＃＃ BEGIN /etc/grub.d/10_linux ＃＃＃
menuentry 'CentOS Linux (3.10.0－862.14.4.el7.x86_64) 7 (Core)'
-class centos-
```

class gnu-linux--class gnu--class os--unrestricted $ menuentry_id_

option 'gnul

inux-3. 10. 0-862. el7. x86 _ 64-advanced-06982166-afc8-4989-b9f9-

a49f9c1b4a73' {

load_video

set gfxpayload=keep

import gzio

insmod part_msdos

insmod xfs

set root='hd0,msdos1'

if [x $ feature_platform_search_hint = xy]; then

search--no-floppy--fs-uuid--set=root--hint-bios=hd0,msdos1--hint-

efi = hd0, msdos1--hint-baremetal = ahci0, msdos1--hint = ' hd0,

msdos1' 355a6466-3e03-44a2-aff2-ccdb720c8f2c

else

search--no-floppy--fs-uuid--set = root 355a6466-3e03-44a2-aff2-

ccdb720c8f2c

fi

linux16 /vmlinuz-3.10.0—862.14.4.el7.x86_64 root=/dev/mapper/

centos-root

ro crashkernel = auto rd. lvm. lv = centos/root rd. lvm. lv = centos/

swap rhgb quiet LANG

=en_US.UTF-8

initrd16 /initramfs-3.10.0-862.14.4.el7.x86_64.img

}

第 2 部分　网络配置与运维

2.1　网络配置

2.1.1　基本配置

图 2.1.1 是 CentOS 7 设置菜单中的网络设置界面。

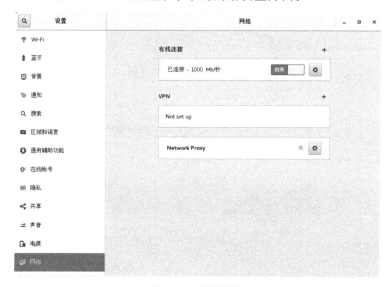

图 2.1.1　网络配置

可以看到在网络配置的主界面上，分为"有线连接""VPN"和"网络代理"三部分，其中"有线连接"和"VPN"有个"＋"号，可以添加连接和 VPN。

"有线连接"和"网络代理"右侧都有一个齿轮图标，表示有进一步

的设置信息。我们单击第一块已连接的网卡的齿轮图标，将看到如
图 2.1.2～图 2.1.6 的界面。

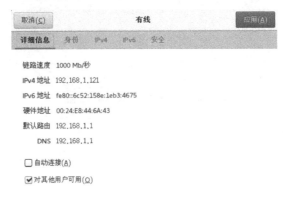

图 2.1.2　有线连接配置界面 1：详细信息

图 2.1.3　有线连接配置 2：身份

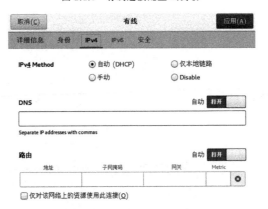

图 2.1.4　有线连接配置：IPv4

☞　42

DNS 标签允许你配置系统的主机名、域、名称服务器和搜索域。名称服务器用来查寻网络上的其他主机。

如果 DNS 服务器的名称要从 DHCP 或 PPPoE 中检索到（或从 ISP 中检索），则不要添加主要、次要或第三 DNS 服务器。

如果主机名被动态地从 DHCP 或 PPPoE 中检索（或从 ISP 中检索），则不要改变这个主机名。

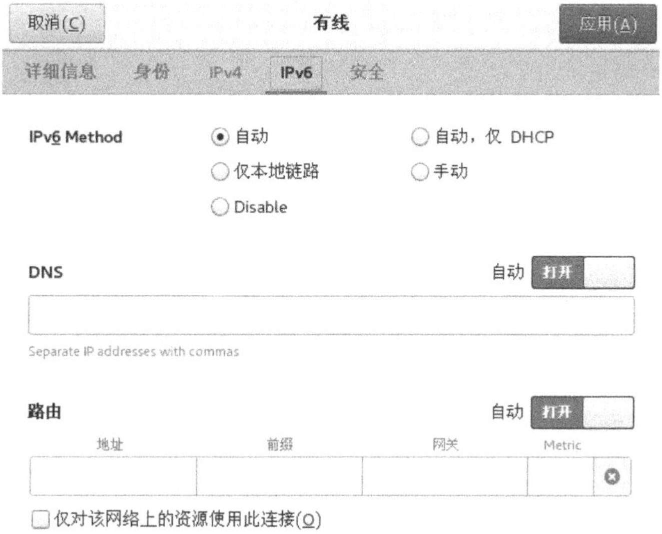

图 2.1.5　有线连接配置：IPv6

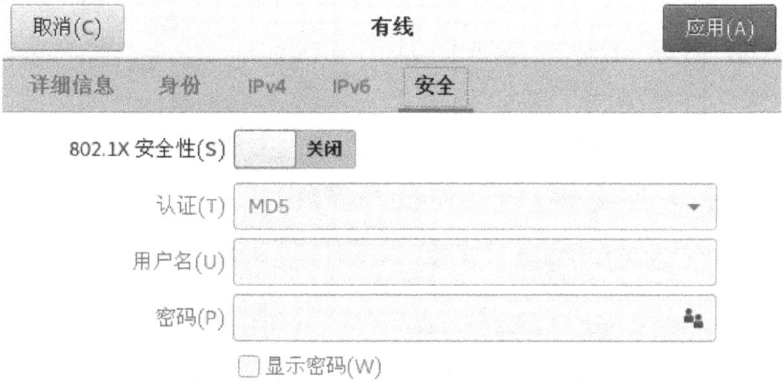

图 2.1.6　有线连接配置：安全

对于系统上的每个以太网卡，单击"＋"按钮，然后选择网络设备和设备的网络类型。可以看到以太网卡的命名不再是 eth0、eth1 等，而是形如 enp5s0 之类的名称。新命名方法的规则如下：

```
/ *
* Two character prefixes based on the type of interface：
* en-Ethernet
* sl-serial line IP（slip）
* wl-wlan
* ww-wwan
*
* Type of names：
* b<number> -BCMA bus core number
* c<bus _ id> -CCW bus group name，without leading zeros
[s390]
* o<index> [d<dev _ port>] -on-board device index number
* s<slot> [f<function>] [d<dev _ port>] -hotplug slot
index number
* x<MAC> -MAC address
* [P<domain>] p<bus>s<slot> [f<function>] [d<dev _
port>]
* -PCI geographical location
* [P<domain>] p<bus>s<slot> [f<function>] [u<port
>] [..] [c<config>] [i<interface>]
* -USB port number chain
* /
```

所以 enp5s0 的意思是以太网卡，位于总线 5，插槽 0。这样更加明确。

2.1.2 建立 IPsec 连接

一个基于网络的安全解决方案，必然是一个端到端的安全体系架构。也就是说，在进行初始的网络安全解决方案设计时，我们就必须考虑到各个环节可能引入的安全威胁和风险。因此，安全接入所涵盖的需求范围，不应是单指接入终端的安全性，而是一个涉及"接入终端安全、传输通道安全、内部资源安全"的完整安全体系。

对于"传输通道安全"，尤其在 Internet 环境，在无法对业务访问的沿途节点进行技术要求和部署时，我们可选择的技术并不多，通常只能是："加密的 VPN 通道"。如公司除总部之外，还有若干个外派的子公司，在无法架设或租用专线的情况下，采用 vpn，让外地员工安全地访问公司内网，是一个较可行的方案。

1.IPsec VPN 和 SSL VPN

IPsec VPN 和 SSL VPN，两者的共同特点一是都能实现数据的安全加密；二是都对沿途转发节点没有额外技术要求。但是，由于两者在技术上采用不同的网络层次来进行安全加密处理以建立网络安全通道，因此在连通性、安全性方面还是存在着差异。

IPsec VPN，是网络层的 VPN 技术，对应用层协议完全透明，一旦建立 IPsec VPN 加密隧道后，就可以在通道内实现各种类型的连接，如 Web、电子邮件、文件传输、VoIP 等。这是 IPsec VPN 的最大优点。另外，IPsec VPN 在实际部署时，通常向远端开放的是一个网段，针对单个主机、单个传输层端口的安全控制部署较复杂，因此其安全控制的粒度相对较粗。

SSL VPN，基于 SSL 协议，而 SSL 协议内嵌在浏览器中，因此任何

拥有浏览器的终端都天然支持 SSL VPN，这让 SSL VPN 技术在受终端日益普及的云时代如鱼得水。同时，SSL 协议位于 TCP/IP 协议与应用层协议之间，其安全控制粒度可以做到精细化，可以仅开放一个主机、一个端口甚至一个 URL。但相应的，其应用兼容性整体上则更弱一些。SSL VPN 相对于 IPsec VPN 的另外一个核心优势在于：无须增加设备、无须改动接入侧的网络结构即可实现安全接入。这非常适用于租赁型的云计算应用场景，比如：超算中心。

2. 基于 IPsec 的 L2TP VPN 设置

（1）安装相关的软件包。xl2tpd 提供 l2tp 服务，libreswan 提供 ipsec 服务，在 CentOS 7 版本后，提供 ipsec 的服务包由 libreswan 替代 openswan。

```
［root@localhost］＃yum install xl2tpd
［root@localhost］＃yum install libreswan
```

（2）配置和启用 linux 系统的 ipsec 服务。

①修改 ipsec 主配置文件。

```
［root@localhost］＃vi /etc/ipsec.conf
＃ basic configuration
config setup
```

＃在配置文件里加入这一行，允许穿透 nat 建立 l2tp 连接。

```
nat_traversal＝yes
virtual_private＝％v4：10.0.0.0/8，％v4：192.168.0.0/16，％v4：172.16.0.0/12，％v4：25.0.0.0/8，％v4：100.64.0.0/10，
％v6：fd00：：/8，％v6：fe80：：/10
include /etc/ipsec.d/＊.conf
```

②建立 ipsec 与 l2tp 服务关联的配置文件。

```
[root@localhost]# cd /etc/ipsec.d/
[root@localhost]# vi l2tp_psk.conf
conn L2TP-PSK-NAT
rightsubnet=vhost：%priv
also=L2TP-PSK-noNAT
conn L2TP-PSK-noNAT
authby=secret
pfs=no
auto=add
keyingtries=3
dpddelay=30
dpdtimeout=120
dpdaction=clear
rekey=no
ikelifetime=8h
keylife=1h
type=transport
left=123.xx.xx.
#123.xx.xx.xx 对外提供连接的 ip 地址
leftprotoport=17/1701
right=%any
rightprotoport=17/%any
```

③当建立 l2tp 连接时，需要输入预共享密匙，以下为预共享密匙的配置文件。

```
[root@localhost]#  vi /etc/ipsec.secrets
include /etc/ipsec.d/ * .secrets
```

```
［root@localhost］# cd /etc/ipsec.d/
［root@localhost］# touch linuxcc_l2tp.secrets
［root@localhost］# vi linuxcc_l2tp.secrets
123.xx.xx.xx %any：PSK "l2tppass"
```

＃123.xx.xx.xx 为对外提供 l2tp 连接的服务器地址。

④修改内核支持，修改完后运行 sysctl-p 使配置生效。

```
［root@localhost］# vi /etc/sysctl.conf
# System default settings live in /usr/lib/sysctl.d/00-system.conf.
# To override those settings, enter new settings here, or in an /
etc/sysctl.d/<name>.conf file
#
# For more information, see sysctl.conf(5) and sysctl.d(5).
vm.swappiness = 0
net.ipv4.neigh.default.gc_stale_time=120
net.ipv4.conf.all.rp_filter=0
net.ipv4.conf.default.rp_filter=0
net.ipv4.conf.default.arp_announce = 2
net.ipv4.conf.all.arp_announce=2
net.ipv4.tcp_max_tw_buckets = 5000
net.ipv4.tcp_syncookies = 1
net.ipv4.tcp_max_syn_backlog = 1024
net.ipv4.tcp_synack_retries = 2
net.ipv4.conf.lo.arp_announce=2
net.ipv4.ip_forward = 1
net.ipv4.conf.default.accept_redirects = 0
net.ipv4.conf.default.send_redirects = 0
net.ipv4.conf.default.accept_source_route = 0
```

♯如果不需要建立 ipv6 建接支持，ipv6 的配置可以省略。

net.ipv6.conf.all.disable_ipv6 ＝ 1

net.ipv6.conf.default.disable_ipv6 ＝

⑤检验 ipsec 服务配置。

[root@localhost]♯ ipsec setup start

[root@localhost]♯ ipsec verify

Verifying installed system and configuration files

Version check and ipsec on-path   [OK]

Libreswan 3.15（netkey）on 3.10.0-123.9.3.el7.x86_64

Checking for IPsec support in kernel   [OK]

NETKEY：Testing XFRM related proc values

ICMP default/send_redirects   [OK]

ICMP default/accept_redirects   [OK]

XFRM larval drop   [OK]

Pluto ipsec.conf syntax   [OK]

Hardware random device   [N/A]

Two or more interfaces found，checking IP forwarding   [OK]

Checking rp_filter   [OK]

Checking that pluto is running   [OK]

Pluto listening for IKE on udp 500   [OK]

Pluto listening for IKE/NAT-T on udp 4500   [OK]

Pluto ipsec.secret syntax   [OK]

Checking 'ip' command   [OK]

Checking 'iptables' command   [OK]

Checking 'prelink' command does not interfere with FIPSChecking

for obsolete ipsec.conf options   [OK]

Opportunistic Encryption   [DISABLED]

　　#当出现类似于这样，没有报错的输出时，则表明 ipsec 服务配置完成。

　　⑥报错处理当出现以下错误提示时，可以继续。

```
[root@localhost] # ipsec verify
Verifying installed system and configuration files
Version check and ipsec on-path [OK]
Libreswan 3.15 (netkey) on 3.10.0-229.el7.x86_64
Checking for IPsec support in kernel [OK]
NETKEY: Testing XFRM related proc values
ICMP default/send_redirects [OK]
ICMP default/accept_redirects [OK]
XFRM larval drop [OK]
Pluto ipsec.conf syntax [OK]
Hardware random device [N/A]
Two or more interfaces found, checking IP forwarding[OK]
Checking rp_filter [ENABLED]
/proc/sys/net/ipv4/conf/enp2s0/rp_filter [ENABLED]
/proc/sys/net/ipv4/conf/enp3s7/rp_filter [ENABLED]
rp_filter is not fully aware of IPsec and should be disabled
Checking that pluto is running [OK]
Pluto listening for IKE on udp 500 [OK]
Pluto listening for IKE/NAT-T on udp 4500 [OK]
Pluto ipsec.secret syntax [OK]
Checking 'ip' command [OK]
Checking 'iptables' command [OK]
Checking 'prelink' command does not interfere with FIPSChecking
for obsolete ipsec.conf options [OK]
Opportunistic Encryption [DISABLED]
ipsec verify: encountered 5 errors-see 'man ipsec_verify' for help
```

⑦启动 ipsec 服务。

```
[root@localhost]# systemctl start ipsec
[root@localhost]# systemctl enable ipsec
ln-s '/usr/lib/systemd/system/ipsec.service' '/etc/systemd/system/
multi-user.target.wants/ipsec.service'
```

#设置为开机启动。

（3）安装配置 xl2tpd 服务。

①修改 xl2tpd 主配置文件。

#安装提供 l2tp 的服务包。

```
[root@linuxcc.com]# yum install xl2tpd
```

#打开修改 xl2tpd 主配置文件。

```
[root@linuxcc.com]# vi /etc/xl2tpd/xl2tpd.conf
;
; This is a minimal sample xl2tpd configuration file for use
; with L2TP over IPsec.
;
; The idea is to provide an L2TP daemon to which remote Windows
L2TP/IPsec
; clients connect. In this example, the internal (protected) network
; is 192.168.1.0/24. A special IP range within this network is re-
served
; for the remote clients: 192.168.1.128/25
; (i.e. 192.168.1.128 ... 192.168.1.254)
;
; The listen-addr parameter can be used if you want to bind the
L2TP daemon
; to a specific IP address instead of to all interfaces. For instance,
```

51

; you could bind it to the interface of the internal LAN (e.g. 192.
168.1.98

; in the example below). Yet another IP address (local ip, e.g. 192.
168.1.99)

; will be used by xl2tpd as its address on pppX interfaces.

[global]

#启用 xl2tpd 的 ipsec 支持。

ipsec saref = yes
#123.xx.xx.xx 为对外提供连接的服务器地址
listen-addr = 123.xx.xx.xx
;listen-addr = 192.168.1.98
; force userspace = yes
; debug tunnel = yes
[lns default]

#设置建立连接后，分配给客户端的 ip 地址。

ip range = 192.168.1.128—192.168.1.254
local ip = 192.168.1.99
require chap = yes
refuse pap = yes
require authentication = yes
name = linuxcc_l2tp_server
ppp debug = yes
pppoptfile = /etc/ppp/options.xl2tpd
length bit = yes

②修改 xl2tpd 属性配置文件。

[root@localhost]# vi /etc/ppp/options.xl2tpd
require-mschap-v2

require-mschap-v2 用来支持 windows 7，windows8 连接。

```
ipcp-accept-local
ipcp-accept-remote
```

8.8.8.8 为分配给客户端的 dns。

```
ms-dns 8.8.8.8
# ms-dns 192.168.1.1
# ms-dns 192.168.1.3
# ms-wins 192.168.1.2
# ms-wins 192.168.1.4
noccp
auth
crtscts
idle 1800
mtu 1410
mru 1410
nodefaultroute
debug
lock
proxyarp
connect-delay 5000
# To allow authentication against a Windows domain EXAMPLE,
and require the
# user to be in a group "VPN Users". Requires the samba-
winbind package
# require-mschap-v2
# plugin winbind.so
# ntlm_auth-helper '/usr/bin/ntlm_auth--helper-protocol＝ntlm-
server-1--require-membership-of＝"EXAMPLE\VPN Users"'
```

You need to join the domain on the server, for example using samba:

http://rootmanager. com/ubuntu-ipsec-l2tp-windows-domain-auth/setting-up-openswan-xl2tpd-with-native-windows-clients-lucid. html

③建立 xl2tpd 连接的用户。建立 l2tp 连接需要输入的用户名和密码就在该文件里配置：

[root@localhost]# vi /etc/ppp/chap-secrets

Secrets for authentication using CHAP

client server secret IP addresses

＃按照注释的提示，在这里填写连接用户、连接密码，中间以空格和 tab 键分隔。

④启动和检验 xl2tpd 服务配置，然后进行连接测试。

[root@localhost]# systemctl start xl2tpd

[root@localhost]# systemctl status xl2tpd

xl2tpd.service-Level 2 Tunnel Protocol Daemon (L2TP)

Loaded：loaded (/usr/lib/systemd/system/xl2tpd. service; disabled)

Active：active (running)

Process：1322 ExecStartPre＝/sbin/modprobe-q l2tp_ppp (code＝exited, status＝0/SUCCESS)Main PID：1324 (xl2tpd)

CGroup：/system.slice/xl2tpd.service

1324 /usr/sbin/xl2tpd-D

systemd[1]：Starting Level 2 Tunnel Protocol Daemon (L2TP)...

systemd[1]：Started Level 2 Tunnel Protocol Daemon (L2TP).

xl2tpd[1324]：xl2tpd[1324]：Not looking for kernel SAref support.

xl2tpd[1324]：xl2tpd[1324]：Using l2tp kernel support.

xl2tpd[1324]：xl2tpd[1324]：xl2tpd version xl2tpd-1.3.6 started on Linuxdc_USA PID：1324

xl2tpd[1324]：xl2tpd[1324]：Written by Mark Spencer, Copyright (C) 1998，Adtran，Inc.

xl2tpd[1324]：xl2tpd[1324]：Forked by Scott Balmos and David Stipp，(C) 2001

xl2tpd［1324］：xl2tpd［1324］：Inherited by Jeff McAdams，(C) 2002

xl2tpd[1324]：xl2tpd[1324]：Forked again by Xelerance（www.xe-lerance.com）(C) 2006

xl2tpd[1324]：xl2tpd［1324］：Listening on IP address 0.0.0.0，port 1701

2.2　基本防火墙配置

2.2.1　防火墙设置

防火墙的设置如图 2.2.1～图 2.2.3 所示。

图 2.2.1　防火墙配置

图 2.2.2　防火墙配置

图 2.2.3　防火墙配置

　　CentOS7 中使用了 firewalld 代替了原来的 iptables，操作设置和原来有所不同：

　　查看防火墙状态：systemctl status firewalld

　　启动防火墙：systemctl start firewalld

　　停止防火墙：systemctl stop firewalld

　　防火墙中的一切都与一个或者多个区域相关联，下面对各个区进行说明：

Zone Description

---

drop (immutable) Deny all incoming connections, outgoing ones are accepted.

block (immutable) Deny all incoming connections, with ICMP host prohibited messages issued.

trusted (immutable) Allow all network connections

public Public areas, do not trust other computers

external For computers with masquerading enabled, protecting a local network

dmz For computers publicly accessible with restricted access.

work For trusted work areas

home For trusted home network connections

internal For internal network, restrict incoming connections

drop（丢弃）。任何接收的网络数据包都被丢弃，没有任何回复。仅能有发送出去的网络连接。block（限制）。任何接收的网络连接都被 IPv4 的 icmp-host-prohibited 信息和 IPv6 的 icmp6-adm-prohibited 信息所拒绝。

public（公共）。在公共区域内使用，不能相信网络内的其他计算机不会对您的计算机造成危害，只能接收经过选取的连接。

external（外部）。特别是为路由器启用了伪装功能的外部网。您不能信任来自网络的其他计算，不能相信它们不会对您的计算机造成危害，只能接收经过选择的连接。

dmz（非军事区）。用于您的非军事区内的电脑，此区域内可公开访问，可以有限地进入您的内部网络，仅仅接收经过选择的连接。

work（工作）。用于工作区。您可以基本相信网络内的其他电脑不会危害您的电脑。仅仅接收经过选择的连接。

home（家庭）。用于家庭网络。您可以基本信任网络内的其他计算机不会危害您的计算机。仅仅接收经过选择的连接。

internal（内部）。用于内部网络。您可以基本上信任网络内的其他计算机不会威胁您的计算机。仅仅接受经过选择的连接。

trusted（信任）。可接受所有的网络连接。

操作防火墙的一些常用命令：

--显示防火墙状态

```
[root@localhost zones] # firewall-cmd--state
running
```

--列出当前有几个 zone

```
[root@localhost zones] # firewall-cmd-get-zones
block dmz drop external home internal public trusted work
```

--取得当前活动的 zones

```
[root@localhost zones] # firewall-cmd-get-active-zones
public
interfaces：ens32 veth4
[root@localhost zones] # firewall-cmd-get-default-zone
public
```

--取得当前支持 service

```
[root@localhost zones] # firewall-cmd-get-service
RH-Satellite-6 amanda-client bacula bacula-client dhcp dhcpv6
dhcpv6－client dns ftp high-availability http https imaps ipp ipp-cli-
ent ipsec kerberos kpasswd ldap ldaps libvirt libvirt-tls mdns
mountd ms-wbt MySQL nfs ntp openvpn pmcd pmproxy pmwebapi
pmwebapis pop3s postgresql proxy-dhcp radius rpc-bind samba
samba-client smtp ssh telnet tftp tftpVclient transmission-client
vnc-server wbem-https
```

--检查下一次重载后将激活的服务

［root@localhost zones］＃ firewall-cmd-get-service

［root@localhost zones］＃ firewall-cmd-get-service-permanent

RH-Satellite-6 amanda-client bacula bacula-client dhcp dhcpv6 dh-

cpv6-client dns ftp high-availability http https imaps ipp ipp-client

ipsec kerberos kpasswd ldap ldaps libvirt libvirt-tls mdns mountd

ms-wbt mysql nfs ntp openvpn pmcd pmproxy pmwebapi

pmwebapis pop3s postgresql proxy-dhcp radius rpc-bind samba

samba-client smtp ssh telnet tftp tftp-client transmission-client vnc-

server wbem-https

--列出 zone public 端口

［root@localhost zones］＃ firewall-cmd--zone＝public--list-ports

--列出 zone public 当前设置

［root@localhost zones］＃ firewall-cmd--zone＝public--list-all

public (default，active)

interfaces：enp5s0

sources：

services：dhcpv6-client ssh

ports：

masquerade：no

forward-ports：

icmp-blocks：

rich rules：

--增加 zone public 开放 http service

```
[root@localhost zones] # firewall-cmd--zone＝public--add-service
＝http
success
[root @ localhost zones] # firewall-cmd--permanent--zone ＝
internal--add-service＝http
success
```

--重新加载配置

```
[root@localhost zones] # firewall-cmd--reload
success
```

--增加 zone internal 开放 443/tcp 协议端口

```
[root@localhost zones] # firewall－cmd--zone＝internal--add-port
＝443/tcp
success
```

--列出 zone internal 的所有 service

```
[root @ localhost zones] # firewall-cmd--zone ＝ internal--
list-services
dhcpv6-client ipp-client mdns samba-client ssh
```

设置黑/白名单

--增加 172.28.129.0/24 网段到 zone trusted（信任）

```
[root @ localhost zones] # firewall-cmd--permanent--zone ＝
trusted--add-source＝172.28.129.0/24
success
```

--列出 zone truste 的白名单

```
[root @ localhost zones] # firewall-cmd--permanent--zone ＝
trusted--list-sources
172.28.129.0/24
```

--活动的 zone

```
[root@localhost zones] # firewall-cmd--get-active-zones
public
interfaces：enp5s0
```

--添加 zone truste 后重新加载，然后查看--get-active-zones

```
[root@localhost zones] # firewall-cmd--reload
success
[root@localhost zones] # firewall-cmd--get-active-zones
public
interfaces：ens32 veth4103622
trusted
sources： 172.28.129.0/24
```

--列出 zone drop 所有规则

```
[root@localhost zones] # firewall-cmd--zone＝drop--list-all
drop
interfaces：
sources：
services：
ports：
masquerade：no
forward-ports：
icmp-blocks：
rich rules：
```

--添加 172. 28. 13. 0/24 到 zone drop

```
[root@localhost zones] # firewall-cmd--permanent--zone＝drop--
add-source＝172.28.13.0/24success
```

--添加后需要重新加载

```
[root@localhost zones] # firewall-cmd--reload
success
[root@localhost zones] # firewall-cmd--zone=drop--list-all
drop
interfaces：
sources：172.28.13.0/24
services：
ports：
masquerade：no
forward-ports：
icmp-blocks：
rich rules：
[root@localhost zones] # firewall-cmd--reload
success
```

--从 zone drop 中删除 172.28.13.0/24

```
[root@localhost zones] # firewall-cmd--permanent--zone=drop--
remove-source=172.28.13.0/24success
```

--查看所有的 zones 规则

```
[root@localhost ~] # firewall-cmd--list-all-zones
```

FirewallD 区域定义了绑定的网络连接、接口以及源地址的可信程度。区域是服务、端口、协议、IP 伪装、端口/报文转发、ICMP 过滤以及富规则的组合。区域可以绑定到接口已经源地址。常见的服务包括：

1. HTTP

HTTP 协议被 Apache（以及其他万维网服务器）用来提供网页。如果你打算使你的万维网服务器公开可用，请启用该选项，不必启用该选项来本地查看网页或开发网页。如果你想提供网页，你必须安装 apache 软件包。

启用 HTTP 不会为 HTTPS（HTTP 的 SSL 版本）打开一个端口。

2．FTP

FTP 协议被用来在网络上传输文件。如果你打算使你的 FTP 服务器公开可用，启用该选项并安装 vsftpd 软件包才能是该选项能够发生作用。

3．SSH

安全 Shell（SSH）是用来在远程机器上登录及执行命令的协议套件。如果计划使用 SSH 工具通过防火墙来进入计算机，启用该选项并安装 openssh－server 软件包才能使用 SSH 工具来远程地进入计算机。

4．Telnet

Telnet 是一种远程登录机器的协议。Telnet 的通信是不加密的，没有提供任何防止网络刺探之类的安全措施。建议不要允许进入的 Telnet 访问。如果你想允许进入的 Telnet 访问，你必须安装 telnet-server 软件包。

5．邮件 smtp

如果你想允许进入的邮件穿过你的防火墙，从而使远程主机能够直接连接到你的机器来分发邮件，则启用该选项。如果你只想从使用 POP3 或 IMAP 的 ISP 服务器来收取邮件，或者使用 fetchmail 之类的工具，则不必启用这个选项。注意，不正确配置的 SMTP 服务器会允许远程机器使用你的服务器来发送垃圾邮件。

2.2.2　激活 iptables 服务

防火墙规则只有在 iptables 服务运行的时候才能被激活。要手工启动服务，使用以下命令：

/sbin/service iptables restart

要确保它在系统引导时启动，使用以下命令：

/sbin/chkconfig--level 345 iptables on

ipchains 服务没有包含在红帽企业 Linux 中。但是，如果 ipchains 被安装了（例如：若执行了升级，而系统以前安装了 ipchains），ipchains 服务不应该和 iptables 服务同时运行。要确定 ipchains 服务被禁用并且它没有被配置在引导时启动，执行以下命令：

/sbin/service ipchains stop

/sbin/chkconfig--level 345 ipchains off

还可以使用服务配置工具来启用或禁用 iptables 和 ipchains 服务。

2.3 控制对服务的访问

2.3.1 运行级别

维护系统的安全极为重要。管理系统安全的方法之一是谨慎管理对系统服务的使用。你的系统可能需要提供某些公开的服务（譬如 httpd）。从最小权限原则出发，如果不需要提供某项服务，则应该把它关闭，这样可以降低安全漏洞被黑客利用的情况。

管理对系统服务访问的方法有好几种。根据服务、系统配置以及对 Linux 的掌握程度来决定应使用哪一种管理方法。

拒绝对某一服务的使用的最简便方法是将其关闭。不论是由 xinetd（我们会在本章后面详细讨论）管理的服务，还是在/etc/rc.d 层次（又称 SysV）中的服务，都可以使用以下三种不同的应用程序来配置其启动或停止：

（1）服务配置工具——一个图形化应用程序，它显示了每项服务的描述，以及每项服务是否在引导时启动（运行级别 3、4、5），并允许启动、停止或重新启动每项服务。

（2）ntsysv——基于文本的程序。它允许你为每个运行级别配置引导时要启动的服务。对于不属于 xinetd 的服务而言，改变不会立即生效。你不能使用这个程序来启动、停止或重新启动不属于 xinetd 的服务服务。

（3）chkconfig——一个允许你在不同运行级别启动和关闭服务的命令

行工具。对于不属于 xinetd 的服务而言，改变不会立即生效。你不能使用这个工具程序来启动、停止或重新启动不属于 xinetd 的服务服务。

你可能会发现以上工具比使用下面这些方法更简单，手工编辑位于/etc/rc.d目录下的大量符号链接，或者编辑/etc/xinetd.d 中的 xinetd配置文件。

管理对系统服务使用的另一种方法是通过 iptables 来配置 IP 防火墙。如果你是 Linux 新手，请注意，iptables 可能不是你的最佳解决办法。设置 iptables 是一项复杂的作业，最好由经验丰富的 Linux 系统管理员来执行。

从另一角度而言，iptables 的优越性是它的灵活性。譬如，如果你需要一个定制的解决方案来为某些主机提供到某些服务的使用权，iptables 能够为你提供。

要立即改变运行级别，使用 telinit，之后跟随运行级别号码。你必须是根用户才能使用这个命令。telinit 命令并不改变/etc/inittab 文件，它只改变当前的运行级别。当系统重新引导后，它会被引导入/etc/inittab 中指定的运行级别。

CentOS 7 版本不再使用该文件定义系统运行级别，相关运行级别设置无效。新版本的运行级别都定义在 /lib/systemd/system 下：

```
$ ls-ltr /lib/systemd/system/runlevel *
lrwxrwxrwx.1 root root 13 7 月 30 14:22 /lib/systemd/system/
runlevel1.target-> rescue.target
lrwxrwxrwx.1 root root 15 7 月 30 14:22 /lib/systemd/system/
runlevel0.target-> poweroff.target
lrwxrwxrwx.1 root root 17 7 月 30 14:22 /lib/systemd/system/
runlevel2.target-> multi-user.target
lrwxrwxrwx.1 root root 17 7 月 30 14:22 /lib/systemd/system/
runlevel3.target-> multi—user.target
lrwxrwxrwx.1 root root 17 7 月 30 14:22 /lib/systemd/system/
runlevel4.target-> multi-user.target
```

```
lrwxrwxrwx.1 root root 16 7 月 30 14：22 /lib/systemd/system/
runlevel5.target-> graphical.target
lrwxrwxrwx.1 root root 13 7 月 30 14：22 /lib/systemd/system/
runlevel6.target-> reboot.targe
```

可以针对不同需要设置不同的运行级别，如设置命令行级别方法：

```
ln-sf/lib/systemd/system/runlevel3.　target/etc/systemd/system/
default.target
```

或

```
ln-sf/lib/systemd/system/multi-user.　target/etc/systemd/system/
default.target
```

或

```
systemctl set-default multi-user.target
```

设置窗口级别方法：

```
ln-sf/lib/systemd/system/runlevel5.　target/etc/systemd/system/
default.target
```

或

```
ln-sf/lib/systemd/system/graphical.　target/etc/systemd/system/
default.target
```

或

```
systemctl set-default graphical.target
```

2.3.2　TCP 回绕程序

许多 UNIX 系统管理员对使用 TCP 回绕程序来管理对某些网络服务的使用比较熟悉。由 xinetd（以及任何带有内建 libwrap 支持的程序）管

理的服务能够使用 TCP 回绕程序来管理使用权。xinetd 能够使用/etc/
hosts.allow 和/etc/hosts.deny 文件来配置到系统服务的使用。如文件的名
称所暗示，hosts.allow 包含一个允许客户使用被 xinetd 所控制的网络服务
的规则列表，hosts.deny 文件包含拒绝使用权的规则。hosts.allow 文件优
先于 hosts.deny 文件。对使用权限的授予或拒绝可以根据个别 IP 地址（或
主机名）或一类客户而定。

要控制到互联网服务的访问，可以使用 xinetd。它是 inetd 的安全替换
品。xinetd 守护进程保存系统资源，提供访问控制和日志记录，并可以用
来启动特殊目的的服务器。xinetd 能够用来提供到某些主机的访问；拒绝
到某些服务的访问；约束进入连接的频率和连接带来的载量等。

xinetd 无时不在运行并监听它所管理的所有端口上的服务。当某个要
连接它管理的某项服务的请求到达时，xinetd 就会为该服务启动合适的服
务器。

xinetd 的配置文件是/etc/xinetd.conf，但是它只包括几个默认值以及
一个包含/etc/xinetd.d 目录中配置文件的指令。要启用或禁用某项 xinetd
服务，编辑位于/etc/xinetd.d 目录中的配置文件。如果 disable 属性被设为
yes，该项服务就被禁用。如果 disable 属性被设为 no，则该项服务已被启
用。可以使用服务配置工具、ntsysv 或 chkconfig 来编辑任何一个 xinetd
配置文件或改变它的启用状态。要获得由 xinetd 控制的网络服务列表，使
用 ls/etc/xinetd.d 命令来列举/etc/xinetd.d 目录的内容。

2.3.3　ntsysv

ntsysv 工具为激活或停运服务提供了简单的界面。你可以使用 ntsysv
来启动或关闭由 xinetd 管理的服务。还可以使用 ntsysv 来配置运行级别。
按照默认设置，只有当前运行级别会被配置。要配置不同的运行级别，使
用--level 选项来指定一个或多个运行级别。譬如，命令 ntsysv--level 345
配置运行级别 3、4 和 5。

ntsysv 的界面与文本模式的安装程序的工作方式相仿。使用上下箭头

来上下查看列表。使用空格键来选择或取消选择服务，或用"确定"和"取消"按钮。如果要在服务列表和"确定""取消"按钮中切换，可以使用"Tab"键。* 标明某服务被设为启动。"F1"键会弹出每项服务的简短描述。

2.3.4 chkconfig

chkconfig 命令也可以用来激活和解除服务。chkconfig--list 命令显示系统服务列表，以及这些服务在运行级别 0 到 6 中已被启动（on）还是停止（off）。在列表末端，你会看到由 xinetd 管理的服务部分。

如果使用 chkconfig--list 来查询由 xinetd 管理的服务，你会看到 xinetd 服务是被启用（on）还是被关闭（off）了。譬如，命令 chk-config--list finger 返回了下列输出：

finger   on

如上所示，finger 被作为 xinetd 服务启用。如果 xinetd 在运行，finger 就会被启用。

如果你使用 chkconfig--list 来查询/etc/rc.d 中的服务，你会看到服务在每个运行级别中的设置。譬如，命令 chkconfig--list httpd 返回了下列输出：

httpd   0：off   1：off   2：on   3：on   4：on
5：on   6：off

chkconfig 还能用来设置某一服务在某一指定的运行级别内被启动还是被停运。譬如，要在运行级别 3、4、5 中停运 nscd 服务，使用下面的命令：

chkconfig--level 345 nscd off

2.4 OpenSSH

2.4.1 为什么使用 SSH

使用 OpenSSH 工具将会增进系统安全性。所有使用 OpenSSH 工具的通讯，包括口令等，都会被加密。而 telnet 和 ftp 使用纯文本口令，并被明文发送。这些信息可能会被截取，口令可能会被检索，然后未经授权的人员可能会使用截取的口令登录进你的系统而对系统造成危害。所以应该尽可能地使用 OpenSSH 的工具集合来避免这些安全问题。

另一个使用 OpenSSH 的原因是，它自动把 DISPLAY 变量转发给客户机器。换一句话说，如果你在本地机器上运行 X 窗口系统，并且使用 ssh 命令登录到了远程计算机上，当你在远程计算机上执行一个需要 X 的程序时，它会显示在你的本地计算机上。如果你偏爱图形化系统管理工具，却不能亲身访问该服务器，这就会为你的工作打开方便之门（对习惯 Windows 系统的读者来说，可能觉得有点不可思议，但这是 X Windows 的优势之一，即 X Windows 本身是客户机/服务器结构的）。

2.4.2 配置 OpenSSH 服务器

要运行 OpenSSH 服务器，首先必须确定安装了正确的 RPM 软件包。openssh-server 软件包是必不可少的，并且它依赖于 openssh 软件包的安装与否。

OpenSSH 守护进程使用 /etc/ssh/sshd _ config 配置文件。默认配置文件在多数情况下应该足以胜任。如果你想使用没有被默认的 sshd _ config 文件提供的方式来配置守护进程，请阅读 sshd 的说明书（man）页来获取能够在配置文件中定义的关键字列表。

要启动 OpenSSH 服务，使用 /sbin/service sshd start 命令。要停止 OpenSSH 服务器，使用/sbin/service sshd stop 命令。

如果你重新安装了，任何在它被重装前使用 OpenSSH 工具连接到这个系统上的客户，在它被重装后将会看到下列消息：

```
@@@@@@@@@@@@@@@@@@@@@@@@@@@@@@@@@@@@@@@
@@@@@@@@@@@@@@@@@@@@@@@@@@@@@@@@@@@@
@      WARNING：REMOTE HOST IDENTIFICATION
HAS CHANGED!      @
@@@@@@@@@@@@@@@@@@@@@@@@@@@@@@@@@@@@@@@
@@@@@@@@@@@@@@@@@@@@@@@@@@@@@@@@@@@@
IT  IS  POSSIBLE  THAT  SOMEONE  IS  DOING
SOMETHING NASTY!
Someone could be eavesdropping on you right now （man-in-
the-middle attack）！
It is also possible that the RSA host key has just been changed.
```

重装后的系统会为自己创建一组新的身份标识钥匙。因此，客户会看到 RSA 主机钥匙改变的警告。如果你想保存系统原有的主机钥匙，备份 /etc/ssh/ssh _ host * key * 文件，然后在系统重装后恢复它，该过程会保留系统的身份。当客户在该系统重装后试图连接它，就不会看到以上的警告信息。

2.4.3　配置 OpenSSH 客户

要从客户机连接到 OpenSSH 服务器上，你必须在客户计算机上装有 openssh-clients 和 openssh 软件包。

1. 使用 ssh 命令

ssh 命令是 rlogin、rsh 和 elnet 命令的安全替换。它允许你在远程计算机上登录并在其上执行命令。

使用 ssh 来登录到远程计算机和使用 telnet 相似。要登录到一个叫作 penguin.example.net 的远程计算机，在 shell 提示下输入下面的命令：

ssh penguin. example. net

第一次使用 ssh 在远程计算机上登录时，你会看到和下面相仿的消息：

The authenticity of host 'penguin.example.net' can't be established.
DSA key fingerprint is 94:68:3a:3a:bc:f3:9a:9b:01:5d:b3:07:38: e2:11:0c.
Are you sure you want to continue connecting (yes/no)?

输入 yes 来继续。这会把该服务器添加到你的已知主机的列表中，如下面的消息所示：

Warning：Permanently added 'penguin.example.net'（RSA）to the list of known hosts.

下一步，你会看到询问远程主机口令的提示。在输入口令后，你就在远程主机的 shell 提示下了。如果你没有指定用户名，你在本地客户计算机上登录的用户名就会被传递给远程计算机。如果你想指定不同的用户名，使用下面的命令：

sshusername@penguin.example.net

你还可以使用

> ssh-l username penguin.example.net

ssh 命令可以用来在远程计算机上不经 shell 提示登录而执行命令。它的语法格式是：ssh hostname command。譬如，如果你想在远程计算机 penguin. example. net 上执行 ls/usr/share/doc 命令，在 shell 提示下输入下面的命令：

> ssh penguin.example.net ls /usr/share/doc

在你输入了正确的口令之后，/usr/share/doc 这个远程目录中的内容就会被显示，然后你就会被返回到本地 shell 提示下。

2. 使用 scp 命令

scp 命令可以用来通过安全、加密的连接来传输文件。它与 rcp 相似。把本地文件传输给远程系统的一般语法是：

> scplocalfile username@tohostname:/newfilename

localfile 指定源文件，username@tohostname:/newfilename 指定目标文件。

要把本地文件 shadowman 传送到你在 penguin.example.net 上的账号内，在 shell 提示下键入（把 username 替换成你的用户名）：

> scp shadowmanusername@penguin.example.net:/home/username

这会把本地文件 shadowman 传输给 penguin.example.net 上的/home/username/shadowman 文件。

把远程文件传输给本地系统的一般语法是：

> scpusername@tohostname:/remotefile /newlocalfile

remotefile 指定源文件，newlocalfile 指定目标文件。

源文件可以由多个文件组成。譬如，要把目录/downloads 的内容传输到远程计算机 penguin.example.net 上现存的 uploads 目录，在 shell 提示下输入下列命令：

scp /downloads/ * username@penguin.example.net:/uploads/

3. 使用 sftp 命令

sftp 工具可以用来打开一次安全互动的 FTP 会话。它与 ftp 相似，只不过，它使用安全、加密的连接。它的一般语法是：sftp username@hostname.com。一旦通过验证，你可以使用一组和使用 FTP 相似的命令。请参阅 sftp 的说明书页（man）来获取这些命令的列表。要阅读说明书页，在 shell 提示下执行 man sftp 命令。sftp 工具只在 OpenSSH2.5.0p1 版本以上才有。

4. 生成密钥对

如果你不想每次使用 ssh、scp 或 sftp 时都要输入口令来连接远程计算机，你可以生成一对授权钥匙。

钥匙必须为每个用户生成。要为某用户生成钥匙，用想连接到远程计算机的用户身份来遵循下面的步骤。如果你用根用户的身份完成了下列步骤，就只有根用户才能使用这对钥匙。

密匙文件的位置是～/.ssh/authorized_keys、～/.ssh/known_hosts 和 /etc/ssh/ssh_known_hosts 文件。

2.5　动态主机配置协议

2.5.1　为什么使用 DHCP

动态主机配置协议（Dynamic Host Configuration Protocol，DHCP）是用来自动给客户机器分配 TCP/IP 信息的网络协议。每个 DHCP 客户都连接到位于中心的 DHCP 服务器，该服务器会返回包括 IP 地址、网关和 DNS 服务器信息的客户网络配置。

DHCP 在快速发送客户网络配置方面很有用。当配置客户系统时，若管理员选择了 DHCP，他就不必输入 IP 地址、子网掩码、网关或 DNS 服务器。客户从 DHCP 服务器中检索这些信息。DHCP 在管理员想改变大量系统的 IP 地址时也大有用途。无须重新配置所有系统，管理员只需编辑服务器上的一个用于新 IP 地址集合的 DHCP 配置文件即可。如果某机构的 DNS 服务器改变了，这种改变只需在 DHC 服务器上而不必在 DHCP 客户上进行。一旦客户的网络被重新启动（或客户重新引导系统），改变就会生效。

除此之外，如果便携计算机或任何类型的可移计算机被配置使用 DH-CP，只要每个办公室都有一个允许它联网的 DHCP 服务器，它就可以不必重新配置而在办公室间自由移动。

2.5.2 配置 DHCP 服务器

要配置 DHCP 服务器，请修改配置文件/etc/dhcpd.conf。

DHCP 还使用/var/lib/dhcp/dhcpd.leases 文件来贮存客户租期数据库。

1. 配置文件

配置 DHCP 服务器的第一步，是创建贮存客户网络信息的配置文件。全局选项可以为所有客户声明，可选选项可以为每个客户系统声明。

该配置文件可以使用任何附加的制表符或空行来进行简单格式化。关键字是区分大小写的，起首为井号（#）的行是注释。

目前实现了两种 DNS 更新方案——特殊 DNS 更新模式和过渡性 DHCP−DNS 互动草图更新模式。如果这两种模式被接受为 IETF 标准进程的一部分，就会出现第三个模式——标准 DNS 更新方法。DHCP 服务器必须配置使用这两种当前方案中的一种。3.0b2pl11 版本以及更早的版本使用特殊模式，不过这种模式已经过时。如果你想保留相同的行为方式，在配置文件的开头添加以下一行：

```
ddns-update-style ad-hoc;
```

要使用推荐的模式，在配置文件的开头添加以下一行：

```
ddns-update-style interim;
```

请阅读 dhcpd.conf 的说明书（man）页来获得有关不同模式的细节。

配置文件中有两类陈述：

（1）参数。表明如何执行任务，是否要执行任务，或将哪些网络配置

选项发送给客户。

（2）声明。描述网络的布局；描述客户；提供客户的地址；或把一组参数应用到一组声明中。

某些参数必须以 option 关键字开头，它们也被称为选项。选项配置 DHCP 的可选选项；而参数配置的是必选的或控制 DHCP 服务器行为的值。

在使用大括号（｛｝）的部分之前，声明的参数（包括选项）通常被当作全局参数。全局参数应用位于其下的所有部分。

【例 2-1】routers，subnet-mask，domain-name，domain-name-servers 和 time-offset 选项被用于所有在它们下面声明的 host 声明中。

```
subnet 192.168.1.0 netmask 255.255.255.0 {

        option routers              192.168.1.254;
        option subnet-mask          255.255.255.0;


        option domain—name          "example.com";
        option domain-name-servers  192.168.1.1;


        option  time-offset         -18000;       #  Eastern
Standard Time


        range 192.168.1.10 192.168.1.100;

    }
```

如【例 2-1】所示，你可以声明 subnet，且必须为网络中的每一个子网包括一个 subnet 声明，否则，DHCP 服务器可能无法启动。

在这个例子中，子网中的每个 DHCP 客户都带有全局选项，并且声明了 range。客户被分配给 range 之内的 IP 地址。

【例 2-2】所有共享同一物理网络的子网应该在 shared－network 声明之内声明。

```
shared-networkname {

        option domain-name                "test.redhat.com";

        option  domain-name-servers     ns1. redhat. com，ns2.
redhat.com；

        option routers                    192.168.1.254；

    more parameters for EXAMPLE shared-network

    subnet 192.168.1.0 netmask 255.255.255.0 {

parameters for subnet

        range 192.168.1.1 192.168.1.31；

    }

    subnet 192.168.1.32 netmask 255.255.255.0 {

parameters for subnet

        range 192.168.1.33 192.168.1.63；

    }

}
```

在 shared-network 之内，但在被包围起来的 subnet 声明之外的参数被当作全局参数。shared-network 的名称应该是对网络有描述性的标题，例如，使用 test-lab 来描述所有处于实验室（test lab）环境中的子网。

【例 2-3】group 声明可以用来把全局参数应用到一组声明中。

```
group {
        option routers                  192.168.1.254;
        option subnet-mask              255.255.255.0;


        option domain-name              "example.com";
        option domain-name-servers      192.168.1.1;


        option time-offset              -18000;        # Eastern
Standard Time

        host apex {
            option host-name "apex.example.com";
            hardware ethernet 00:A0:78:8E:9E:AA;
            fixed-address 192.168.1.4;
        }


        hostraleigh {
            option host-name "raleigh.example.com";
            hardware ethernet 00:A1:DD:74:C3:F2;
            fixed-address 192.168.1.6;
        }
    }
```

你可以组合共享的网络、子网、主机或其他组群。

【例 2-4】要配置将动态 IP 地址租给子网内系统的 DHCP 服务器，可以用数值来修改。

```
default-lease-time 600；
    max-lease-time 7200；
    option subnet-mask 255.255.255.0；
    option broadcast-address 192.168.1.255；
    option routers 192.168.1.254；
    option domain-name-servers 192.168.1.1，192.168.1.2；
    option domain-name "example.com"；

    subnet 192.168.1.0 netmask 255.255.255.0 {
        range 192.168.1.10 192.168.1.100；
    }
```

它为客户声明一个默认租期、最长租期以及网络配置值。范例中把 range 192.168.1.10 和 192.168.1.100 之间的 IP 地址分配给客户。

【例 2-5】要根据网卡的 MAC 地址给客户分配 IP 地址，使用 host 声明内的 hardware ethernet 参数。

```
host apex {
        option host-name "apex.example.com"；
        hardware ethernet 00：A0：78：8E：9E：AA；
        fixed-address 192.168.1.4；
    }
```

host apex 声明表明：网卡的 MAC 地址为 00：A0：78：8E：9E：AA 的系统所分配的 IP 地址将一直是 192.168.1.4。

注意，还可以使用可选的参数 host-name 来为客户分配主机名。

要获取选项声明及其作用的完整列表，请参阅 dhcp-options 的说明书（man）页。

2. 租期数据库

在 DHCP 服务器上，/var/lib/dhcp/dhcpd.leases 文件中存放着 DHCP 的客户租期数据库。该文件不应该被手工修改。每个新近分配的 IP 地址

的 DHCP 租期信息都会自动储存在租期数据库中。该信息包括租期的长度、IP 地址被分配的对象、租期的开始和终止日期以及用来检索租期的网卡的 MAC 地址。

租期数据库中所用的时间是格林尼治标准时间（GMT），不是本地时间。

租期数据库不时被重建，因此它不算太大。首先，所有已知的租期会被储存到一个临时的租期数据库中，dhcpd.leases 文件被重命名为 dhcpd.leases～，然后，临时租期数据库被写入 dhcpd.leases 文件。

在租期数据库被重命名为备份文件，新文件被写入之前，DHCP 守护进程有可能被杀死，系统也有可能会崩溃。如果发生了这种情况，dhcpd.leases 文件不存在，但它却是启动服务所必需的。这时，请不要创建新租期文件。因为这样做会丢失所有原有的旧租期文件，从而导致更多问题的产生。正确的办法是把 dhcpd.leases～备份文件重命名为 dhcpd.leases，然后再启动守护进程。

3. 启动和停止服务

如果要启动 DHCP 服务，使用/sbin/service dhcpd start 命令。如果要停止 DHCP 服务，使用 /sbin/service dhcpd stop 命令。

如果你的系统连接了不止一个网络接口，但是你只想让 DHCP 服务器启动其中之一，你可以配置 DHCP 服务器只在那个设备上启动。在/etc/sysconfig/dhcpd 中，把接口的名称添加到 DHCPDARGS 的列表中：

```
# Command line options here
    DHCPDARGS-eth0
```

如果你有一个带有两个网卡的防火墙计算机，这种方法就会大派用场。一个网卡可以被配置成 DHCP 客户来从互联网上检索 IP 地址；另一个网卡可以被用作防火墙之后的内部网络的 DHCP 服务器。仅指定连接到内部网络的网卡使系统更加安全，因为用户无法通过互联网来连接它的守护进程。

其他可在/etc/sysconfig/dhcpd 中指定的命令行选项包括：

（1）-p＜portnum＞——指定 dhcpd 应该监听的 udp 端口号码。默认值为 67。DHCP 服务器在比指定的 udp 端口大一位的端口号码上把回应传输给 DHCP 客户。譬如，如果你使用了默认的端口 67，服务器就会在端口 67 上监听请求，然后在端口 68 上回应客户。如果你在此处指定了一个端口号码，并且使用了 DHCP 转发代理，你所指定的 DHCP 转发代理所监听的端口就必须是同一端口。

（2）-f——把守护进程作为前台进程运行。这在调试时最常用。

（3）-d——把 DCHP 服务器守护进程记录到标准错误描述器中。这在调试时最常用。如果它没有指定，日志将被写入/var/log/messages。

（4）-cf＜filename＞——指定配置文件的位置。默认位置是/etc/dhcpd.conf。

（5）-lf＜filename＞——指定租期数据库文件的位置。如果租期数据库文件已存在，在 DHCP 服务器每次启动时使用同一个文件至关重要。强烈建议你只在无关紧要的机器上为调试目的才使用该选项。默认的位置是/var/lib/dhcp/dhcpd.leases。

（6）-q——在启动该守护进程时，不要显示整篇版权信息。

4. DHCP 转发代理

DHCP 的转发代理（dhcrelay）允许你把无 DHCP 服务器子网内的 DHCP 和 BOOTP 请求转发给其他子网内的一个或多个 DHCP 服务器。

当某个 DHCP 客户请求信息时，DHCP 转发代理把该请求转发给 DHCP 转发代理启动时所指定的一列 DHCP 服务器。当某个 DHCP 服务器返回一个回应时，该回应被广播或单播给发送最初请求的网络。

除非使用 INTERFACES 指令在/etc/sysconfig/dhcrelay 文件中指定了接口，DHCP 转发代理监听所有接口上的 DHCP 请求。

要启动 DHCP 转发代理，使用 service dhcrelay start 命令。

2.5.3　配置 DHCP 客户

配置 DHCP 客户的第一步是确定内核能够识别网卡。多数网卡会在安

装过程中被识别，系统会为该卡配置使用恰当的内核模块。要手工配置DHCP 客户，你需要修改/etc/sysconfig/network 文件来启用联网；并修改/etc/sysconfig/network-scripts 目录中每个网络设备的配置文件。在该目录中，每个设备都应该有一个叫作 ifcfg-eth0 的配置文件，这里的 eth0是网络设备的名称。

/etc/sysconfig/network 文件应该包含以下行：

```
NETWORKING＝yes
```

如果你想在引导时启动联网，NETWORKING 变量必须被设为 yes。

/etc/sysconfig/network－scripts/ifcfg－eth0 文件应该包含以下几行：

```
DEVICE＝eth0
    BOOTPROTO＝dhcp
    ONBOOT＝yes
```

每个你想配置使用 DHCP 的设备都需要一个配置文件。

其他网络脚本的选项包括：

（1）DHCP _ HOSTNAME

只有当 DHCP 服务器在接收 IP 地址前需要客户指定主机名的时候才使用该选项。（红帽企业 Linux 中的 DHCP 服务器守护进程不支持该功能。）

（2）PEERDNS＝＜answer＞

这里的＜answer＞是以下之一：

①yes——使用来自服务器的信息来修改/etc/resolv.conf。若使用DHCP，那么 yes 是默认值。

②no——不要修改/etc/resolv.conf。

（3）SRCADDR＝＜address＞

这里的＜address＞是用于输出包的指定源 IP 地址。

（4）USERCTL＝＜answer＞

这里的＜answer＞ 是以下之一：

①yes——允许非根用户控制该设备。

②no——不允许非根用户控制该设备。

2.6　BIND 配置

2.6.1　安装 BIND

BIND（Berkeley Internet Name Domain）是现今互联网上最常使用的 DNS 服务器软件，使用 BIND 作为服务器软件的 DNS 服务器约占所有 DNS 服务器的九成。BIND 现在由互联网系统协会（Internet Systems Consortium）负责开发与维护。

使用以下类似脚本，安装 BIND 软件，并启动：

```
[root@localhost]# yum-y install bind
[root@localhost]# rpm-ql bind
/etc/logrotate.d/named
/etc/named
/etc/named.conf # 主配置文件
/etc/named.iscdlv.key
/etc/named.rfc1912.zones # 区域解析库文件
...（中间省略）...
/run/named # 服务脚本使用此文件
```

...（中间省略）...

/var/log/named.log

/var/named ＃ 服务根目录

...（中间省略）...

/var/named/slaves ＃ 从服务器使用的区域解析目录

［root@localhost］＃ systemctl start named ＃ 启动服务

［root@localhost］＃ systemctl enable named ＃ 设为开机启动

Created symlink from /etc/systemd/system/multi-user. target. wants/named.service to /usr/lib/systemd/system/named.service.

［root@localhost］＃ ss-nult ＃ 绑定在127.0.0.1,只有本地可用,不能对外服务。

```
Netid State Recv-Q Send-Q Local Address:Port Peer Address:Port
udp UNCONN 0 0 * :43451 * : *
udp UNCONN 0 0 127.0.0.1:53 * : *
udp UNCONN 0 0 * :68 * : *
udp UNCONN 0 0 ::1:53 ::: *
udp UNCONN 0 0 :::16010 ::: *
tcp LISTEN 0 10 127.0.0.1:53 * : *
tcp LISTEN 0 128 * :22 * : *
tcp LISTEN 0 128 127.0.0.1:953 * : *
tcp LISTEN 0 100 127.0.0.1:25 * : *
tcp LISTEN 0 10 ::1:53 ::: *
tcp LISTEN 0 128 :::22 ::: *
tcp LISTEN 0 128 ::1:953 ::: *
tcp LISTEN 0 100 ::1:25 ::: *
```

涉及的配置文件有：

[root@CentOS01 ~]# rpm-qc bind

/etc/logrotate.d/named/etc/named.conf #主配置文件

/etc/named.conf

/etc/named.iscdlv.key

/etc/named.rfc1912.zones #区域配置文件（用 include 指令包含在主配置文件）

/etc/named.root.key #根区域的 key 文件以实现事务签名；

/etc/rndc.conf #rndc(远程名称服务器控制器)配置文件

/etc/rndc.key #rndc 加密密钥

/etc/sysconfig/named

/var/named/named.ca #13 个根服务器存放文件

/var/named/named.empty

/var/named/named.localhost

/var/named/named.loopback

2.6.2　配置正向解析

【将一台主机配置成可正向解析的 DNS 之步骤】

第一步，使用 YUM 安装 DNS 所使用的软件包(BIND)。

第二步，创建或修改主配置文件(/etc/named.conf)。

第三步，创建区域数据文件(/var/named/ * * *.zone)。

第四步，使用相关命令(named-checkconf、named-checkzone)测试配置文件及区域文件是否存在语法错误。

第五步，确保主配置文件和各区域解析库文件的权限为 640，属主为root，属组为 named。

第六步，重启服务或重新加载配置文件。

第七步，更改 iptables 和 selinux 的设置（如果不了解此两项可以暂时关闭它们）。

第八步，分别使用（dig/nslookup）在 Linux/Windows 主机进行查询

DNS 相关资源记录。

该配置在/etc/named.conf 文件中创建了和以下相似的项目：

```
options {
listen-on port 53 { 127.0.0.1; };
listen-on-v6 port 53 { ::1; };
```

directory"/var/named";//指明存放区域文件根目录，下面给出的相对路径都是相对此目录。

```
dump-file "/var/named/data/cache_dump.db";
statistics-file "/var/named/data/named_stats.txt";
memstatistic-file "/var/named/data/named_mem_stats.txt";
allow-query { localhost; }; //允许哪些主机查询
recursion yes; //是否允许递归查询
dnssec-enable yes;
dnssec-validation yes;
dnssec-lookaside auto;
/ *  Path to ISC DLV key  * /
bindkeys-file "/etc/named.iscdlv.key";
managed-keys-directory "/var/named/dynamic";
};
zone "forward.example.com" {
type master;
file "forward.example.com.zone";
};
```

它还创建了带有以下信息的 /var/named/forward.example.com.zone 文件：

```
$ TTL 86400
@ IN SOA ns.example.com. root.localhost (
```

```
2 ; serial
28800 ; refresh
7200 ; retry
604800 ; expire
86400 ; ttl
)
IN NS 192.168.1.1.
```

2.6.3　添加逆向主区

正向解析与反向解析各自采用不同的解析库，一台 DNS 服务器可以只有正向解析库或只有反向解析库，也可以同时提供正向/反向解析。

反向区域的区域名称格式：

```
ReverseIP.in-addr.arpa.
```

例如：假设网络地址为 172.16.100.1 那么规则命名为 100.16.172.in-addr.arpa。

这里本地的内网 IP 为 192.168.1.0，所以规则写成 1.168.192.in-addr.arpa。

第一步，修改配置文件/etc/named.conf，添加反向解析区域配置文件。

第二步，创建反向区域解析文件 168.192.zone。

第三步，检查语法错误。

第四步，设置权限。

第五步，重新加载配置文件。

第六步，用 windows 客户端验证解析。

该配置在/etc/named.conf 文件中创建了和以下相似的项目：

```
zone "1.168.192.in-addr.arpa" {
type master;
```

```
file "1.168.192.in—addr.arpa.zone";
};
```

它还创建了带有以下信息的 /var/named/1.168.192.in-addr.arpa.zone
文件：

```
$ TTL 86400
@ IN SOA ns.example.com. root.localhost (
2 ; serial
28800 ; refresh
7200 ; retry
604800 ; expire
86400 ; ttk
)
@ IN NS ns2.example.com.

1 IN PTR one.example.com.
2 IN PTR two.example.com.
```

2.6.4　DNS 从服务器设置

DNS 从服务器也叫辅助 DNS 服务器。如果网络上某个节点只有一台
DNS 服务器，首先服务器的抗压能力是有限的，当压力达到一定的程度，
服务器就会宕机罢工，其次如果这台服务器出现了硬件故障那么服务器管
理的区域的域名将无法访问。为了解决这些问题，最好的办法就是使用多
个 DNS 服务器同时工作，并实现数据的同步，这样两台服务器就都可以
实现域名解析操作。

主 DNS 服务器架设好后，辅助的 DNS 服务器的架设就相对简单多了。
架设主从 DNS 服务器有两个前提条件，一是两台主机可以处在不同网段，
但是两台主机之间必须要实现网络通信；二是辅助 DNS 服务器必须要有
主 DNS 服务器的授权，才可以正常操作。

(1) 从 DNS 服务器 bind 配置文件为/etc/named.conf，此文件用于定义区域。每个区域的数据文件保存在/var/named 目录下。

```
options {
directory "/var/named";
dump-file "/var/named/data/cache_dump.db";
statistics-file "/var/named/data/named_stats.txt";
memstatistics-file "/var/named/data/named_mem_stats.txt";
allow-query { any; };
};
dnssec-validation yes;
dnssec-lookaside auto;
/ * Path to ISC DLV key * /
bindkeys-file "/etc/named.iscdlv.key";
managed-keys-directory "/var/named/dynamic";
pid-file "/run/named/named.pid";
session-keyfile "/run/named/session.key";
};
logging {
channel default_debug {
file "data/named.run";
severity dynamic;
};
};
zone "." IN {
type hint;
file "named.ca";
};
include "/etc/named.rfc1912.zones";
include "/etc/named.root.key";
```

（2）打开辅助 DNS 服务器的/etc/named.rfc1912.zones 文件，添加两个区域记录，这两个记录是主 DNS 服务器配置文件里已经存在的记录，一个是正向解析记录，一个是反向解析记录。

```
zone"example.com."IN {
type slave;
masters { 192.168.100.199; };
file "slaves/example.com.zone";
allow-transfer { none;};
};
zone"100.168.192.in-addr.arpa." IN {
type slave;
masters { 192.168.1.199; };
file"slaves/100.168.192.in-addr.zone";
allow-transfer{ none; }; //作为从服务器不应该让其他服务器 zone
传送。
};
```

说明：type：slave，表示此时 DNS 服务器为辅助 DNS 服务器，于是下面一行就要定义主 DNS 服务器的 IP 地址，辅助 DNS 服务器才知道去哪里同步数据。辅助 DNS 服务器的资源类型数据文件通常保存在 slaves 目录，只需定义一个名称，文件内容通常是自动生成。

配置好后，直接开启 DNS 服务，然后再回到主 DNS 服务器上。

（3）修改主 DNS 服务器的数据文件，添加一条辅助 DNS 服务器记录，给辅助 DNS 服务器授权。

修改正向解析文件/var/named/example.com.zone。

```
IN NS dns1
IN NS dns2
dns1 IN A 192.168.100.199
dns2 IN A 192.168.100.198
```

说明：添加了一条 NS 记录，值为，dns2.example.com.，对应的 A 记录

也要增加一条，把 IP 地址指向对应的辅助 DNS 服务器的 IP 地址。修改完成后，记得要把序列号的值加 1，用于通知辅助 DNS 服务器自动更新数据文件。

（4）重新加载主 DNS 服务器的配置文件，这时再倒回辅助 DNS 服务器，在/var/named/slaves/目录下会多了两个文件。

（5）测试辅助 DNS 服务器。

```
＃ dig-t A puppet.example.com @192.168.100.198
```

配置文件/var/named/slave.example.com.zone 在 named 服务从主区块服务器中下载区块数据时被创建。

第 3 部分　系统配置

3.1 用户和组群配置

3.1.1 添加新用户

用户管理器允许查看、修改、添加和删除本地用户和组群。

要使用用户管理器，必须运行 X 窗口系统，具备根特权，并且安装 system-config-users 软件包（缺省情况下没有安装，需要执行 yum install sistem-config-users 安装）。要从桌面启动用户管理器，单击面板上的"主菜单"→"系统设置"→"用户和组群"按钮，或在 shell 提示（如 XTerm 或 GNOME 终端）下输入 redhat→config→users 命令，如图3.1.1所示。

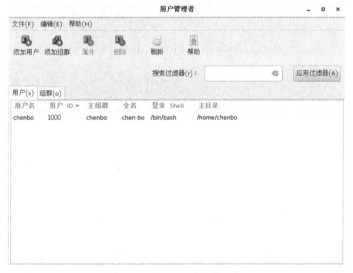

图 3.1.1　CentOS 用户管理者

如果要添加新用户，单击"添加用户"按钮。出现如图 3.1.2 所示的窗口。

图 3.1.2　添加新用户

在适当的字段内输入新用户的用户名和完整姓名。在"口令"和"确认口令"字段内输入口令。口令必须至少包含六个字符。

选择一个登录 shell。如果你不能确定应该选择哪一个 shell，就请接受默认的/bin/bash。默认的主目录是/home/用户名/。你可以改变为用户创建的主目录，或者通过取消选择"创建主目录"选项来不为用户创建主目录。

如果你选择要创建主目录，默认的配置文件就会从/etc/skel/目录中复制到新的主目录中。

CentOS 使用用户私人组群（user private group，UPG）方案。UPG 方案并不添加或改变 UNIX 处理组群的标准方法，它只不过提供了一个新约定。按照默认设置，每当你创建一个新用户的时候，一个与用户名相同的独特组群就会被创建。如果你不想创建这个组群，取消选择"为该用户创建私人组群"选项。

要为用户指定用户 ID，选择"手工指定用户 ID"选项。如果这个选项没有被选，从号码 1000 开始后的下一个可用用户 ID 就会被分派给新用户。CentOS 把低于 1000 的用户 ID 保留给系统用户。

单击"确定"按钮来创建该用户。

如果要把用户加入更多的用户组群中，单击"用户"标签，选择该用户，然后单击"属性"。在"用户属性"窗口中，选择"组群"标签。选择你想让该用户加入的组群，以及用户的主要组群，然后单击"确定"按钮。

3.1.2 修改用户属性

要查看某个现存用户的属性，单击"用户"标签，从用户列表中选择该用户，然后在按钮菜单中单击"属性"（或者从拉下菜单中选择"文件"→"属性"）选项。就会出现如图 3.1.3 的窗口。

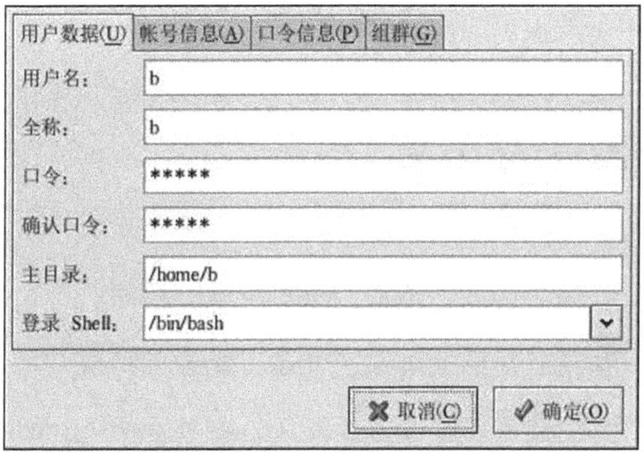

图 3.1.3 用户属性

"用户属性"窗口被分隔成多个带标签的活页：

1. 用户数据

显示在你添加用户时配置的基本用户信息。使用这个标签来改变用户的全称、口令、主目录或登录 shell。

2. 账号信息

如果你想让账号到达某一固定日期时过期，选择"启用账号过期"选项。在提供的字段内输入日期。选择"用户账号已被锁"选项来锁住用户账号，从而使用户无法在系统登录。

3. 口令信息

这个标签显示了用户口令最后一次被改变的日期。要强制用户在一定天数之后改变口令，选择"启用口令过期"选项。你还可以设置用户改变口令之前必须要经过的天数，用户被提醒去改变口令之前要经过的天数，以及账号变为不活跃之前要经过的天数。

4. 组群

选择你想让用户加入的组群以及用户的主要组群。

3.1.3 添加新组群

如果要添加新用户组群，单击"添加组群"按钮。一个类似图 11-4 的窗口就会出现。输入新组群的名称来创建。要为新组群指定组群 ID，选择"手工指定组群 ID"选项，然后选择 GID。红帽企业 Linux 把低于 500 的组群 ID 保留给系统组群。

单击"确定"选项来创建组群。新组群就会出现在组群列表中。

图 3.1.4 创建新组群

如果要在组群中添加用户，请参阅第 3.1.4 节。

3.1.4 修改组群属性

如果要查看某一现存组群的属性，从组群列表中选择该组群，然后在按钮菜单中单击"属性"按钮（或选择拉下菜单"文件"→"属性"），就会出现如图 3.1.5 所示的窗口。

图 3.1.5 组群属性

"组群用户"标签显示了哪些用户是组群的成员。选择其他用户加入组群中，或在组群中取消选择用户。单击"确定"按钮来修改该组群中的用户。

3.1.5 命令行配置

如果你更喜欢使用命令行工具，或者没有安装 X 窗口系统，请参考本节来配置用户和组群。

1. 添加用户

如果要在系统上添加用户，需要执行以下步骤：

（1）使用 useradd 命令来创建一个锁定的用户账号：

```
useradd<username>
```

（2）使用 passwd 命令，通过指派口令和口令老化规则来给某账号开锁：

```
passwd<username>
```

useradd 的命令行选项在表 3.1.1 中被列出。

表 3.1.1 useradd 命令行选项

选项	描述
-c comment	用户的注释
-d home-dir	用来取代默认的 /home/username/ 主目录
-e date	禁用账号的日期，格式为：YYYY-MM-DD
-f days	口令过期后，账号被禁用前要经过的天数（若指定了 0，账号在口令过期后会被立刻禁用。若指定了 -1，口令过期后，账号将不会被禁用）
-g group-name	用户默认组群的组群名或组群号码（该组群在指定前必须存在）
-G group-list	用户是其中成员的额外组群名或组群号码（默认以外的）的列表，用逗号分隔（组群在指定前必须存在）
-m	若主目录不存在则创建它
-M	不要创建主目录
-n	不要为用户创建用户私人组群
-r	创建一个 UID 小于 500 的不带主目录的系统账号
-p password	使用 crypt 加密的口令
-s	用户的登录 shell，默认为/bin/bash
-u uid	用户的 UID，它必须是独特的，且大于 499

2．添加组群

如果要给系统添加组群，使用 groupadd 命令：

groupadd＜group-name＞

groupadd 的命令行选项如表 3.1.2 所示：

表 3.1.2 groupadd 命令行选项

选项	描述
−g gid	组群的 GID，它必须是独特的，且大于 499
−r	创建小于 500 的系统组群
−f	若组群已存在，退出并显示错误（组群信息不会被改变）。若指定了 −g 和 −f 选项，但是组群已存在，−g 选项就会被忽略

3．口令老化

为安全起见，要求用户定期改变他们的口令是明智之举。这可以在用户管理器的"口令信息"活页标签上添加或编辑用户时做到。

要从 shell 提示下为用户配置口令过期，使用 chage 命令，随后使用表 3.1.3中的选项，以及用户的用户名。

表 3.1.3 chage 命令行选项

选项	描述
-d，--lastday 最近日期	将最近一次密码设置时间设为"最近日期"
-E，--expiredate 过期日期	将账户过期时间设为"过期日期"
-h，-help	显示此帮助信息并退出
-I，--inactive INACITVE	过期 INACTIVE 天数后，设定密码为失效状态
-l，--list	显示账户年龄信息
-m，--mindays 最小天数	将两次改变密码之间相距的最小天数设为"最小天数"
-M，--maxdays 最大天数	将两次改变密码之间相距的最大天数设为"最大天数"
-R，--root CHROOT ＿ DIR	chroot 到的目录
-W，--warndays 警告天数	将过期警告天数设为"警告天数"

如果系统管理员想让用户在首次登录时设置口令，用户的初始口令或空口令可以被设置为立即过期，从而强制用户在首次登录后立即改变它。

要强制用户在首次登录到控制台时配置口令，请遵循以下步骤。注意，若用户使用 SSH 协议来登录，这个过程就行不通。

（1）锁住用户的口令。如果用户不存在，使用 useradd 命令来创建这个用户账号，但是不要给它任何口令，所以它仍旧被锁。如果口令已经被启用，使用下面的命令来锁住它：

```
usermod-Lusername
```

（2）强制即刻口令过期。输入下面的命令：

```
chage-d 0username
```

（3）该命令把口令最后一次改变的日期设置为 epoch（1970 年 1 月 1 日）。不管口令过期策略是否存在，这个值会强制口令立即过期。

（4）给账号开锁。达到这一目的有两种常用方法。管理员可以指派一个初始口令或空口令。

（5）如果要指派初始口令，遵循以下步骤：

①使用 python 命令来启动命令行 python 解释器。它的显示如下：

```
Python 2.7.5 (default，Jul 13 2018，13:06:57)
[GCC 4.8.5 20150623 (Red Hat 4.8.5—28)] on linux2
Type "help"，"copyright"，"credits" or "license" for more information.
```

②在提示下，输入以下命令（把 password 替换成要加密的口令，把 salt 替换成恰巧两个大写或小写字母、数字、点字符或斜线字符，譬如＋ab 或＋12）：

```
import crypt；print crypt.crypt("password"，"salt")
```

③其输出的加密口令类似于 12CsGd8FRcMSM。

④按"Ctrl＋D"快捷键来退出 Python 解释器。

⑤把加密口令的输出剪贴到以下命令中（不带前后的空格）：

usermod-p "encrypted-password"username

（6）与其指派初始口令，你还可以使用以下命令来指派空口令：

usermod-p ""username

（7）无论是哪一种情况，首次登录后，用户都会被提示输入新口令。

3.1.6 对进程的解释

下列步骤演示了在启用屏蔽口令的系统上使用 useradd juan 命令后的情形：

（1）在 /etc/passwd 文件中新添了有关 juan 的一行。这一行的特点如下：

①它以用户名 juan 开头。

②口令字段有一个"x"，表示系统使用屏蔽口令。

③1000 或 1000 以上的 UID 被创建。（在 CentOS 中，500 以下的 UID 和 GID 被保留给系统使用。）

④1000 或 1000 以上的 GID 被创建。

⑤可选的 GECOS 信息被留为空白。

⑥juan 的主目录被设为/home/juan/。

⑦默认的 shell 被设为/bin/bash。

（2）在/etc/shadow 文件中新添了有关 juan 的一行。这一行的特点如下：

①它以用户名 juan 开头。

②出现在 /etc/shadow 文件中口令字段内的两个叹号（!!）会锁住账号。

③口令被设置为永不过期。

（3）在 /etc/group 文件中新添了一行有关 juan 组群的信息。和用户名相同的组群叫作用户私人组群（user private group）。关于用户私人组群的详情，请参阅第 11.1 节。

在 /etc/group 文件中新添的这一行具有如下特点：

①它以组群名 juan 开头。

②口令字段有一个"x"，表示系统使用屏蔽口令。

③GID 与列举/etc/passwd 文件中用户 juan 行中的相同。

（4）在/etc/gshadow 文件中新添了有关 juan 组群的一行。这一行的特点如下：

①它以组群名 juan 开头。

②出现在/etc/gshadow 文件中口令字段内的一个叹号（!）会锁住该组群。

③所有其他字段均为空白。

（5）用于用户 juan 的目录被创建在/home/目录之下。该目录为用户 juan 和组群 juan 所有。它的读写和执行权限仅为用户 juan 所有。所有其他权限都被拒绝。

（6）/etc/skel/目录（包含默认用户设置）内的文件被复制到新建的/home/juan/目录中。

这时候，系统上就存在了一个叫作"juan"的被锁账号。要激活它，管理员必须使用 passwd 命令给账号指派一个口令，他还可以设置口令老化规则。

3.2 自动化的任务

3.2.1 cron

在 Linux 中，任务可以被配置在指定的时间段、指定的日期或系统平均载量低于指定的数量时自动运行。Linux 预配置了对重要系统任务的运行，以便使系统能够实时被更新。譬如，被 locate 命令使用的 slocate 数据库每日都被更新。系统管理员可使用自动化的任务来执行定期备份、监控系统、运行定制脚本等。

Linux 随带几个自动化任务的工具：cron、at、和 batch。

cron 是一个可以根据时间、日期、月份、星期的组合来调度对重复任务的执行的守护进程。

cron 假定系统持续运行。如果当某任务被调度时系统不在运行，该任务就不会被执行。要调度一次性的任务，请参阅第 3.2.3 节。

如果要使用 cron 服务，你必须安装 cronie 软件包，而且必须在运行 crond 服务。要判定该软件包是否已安装，使用 rpm －q cronie－cron 命令。如果要判定该服务是否在运行，使用 /sbin/service crond status 命令。

1. 配置 cron 任务

cron 的主配置文件是/etc/crontab，它包括下面几行：

```
SHELL=/bin/bash
    PATH=/sbin:/bin:/usr/sbin:/usr/bin
    MAILTO=root


    # run—parts
    01 * * * * root run-parts /etc/cron.hourly
    02 4 * * * root run-parts /etc/cron.daily
    22 4 * * 0 root run-parts /etc/cron.weekly
    42 4 1 * * root run-parts /etc/cron.monthly
```

前三行是用来配置 cron 任务运行环境的变量。SHELL 变量的值告诉系统要使用哪个 shell 环境（在这个例子里是 bash shell）；PATH 变量定义用来执行命令的路径。cron 任务的输出被邮寄给 MAILTO 变量定义的用户名。如果 MAILTO 变量被定义为空白字符串（MAILTO=" "），电子邮件就不会被寄出。

/etc/crontab 文件中的每一行都代表一项任务，它的格式是：

minute　hour　day　month　dayofweek　command

（1）minute——分钟，从 0 到 59 之间的任何整数。

（2）hour——小时，从 0 到 23 之间的任何整数。

（3）day——日期，从 1 到 31 之间的任何整数（如果指定了月份，必须是该月份的有效日期）。

（4）month——月份，从 1 到 12 之间的任何整数（或使用月份的英文简写如 jan、feb 等）。

（5）dayofweek——星期，从 0 到 7 之间的任何整数，这里的 0 或 7 代表星期日（或使用星期的英文简写如 sun、mon 等）。

（6）command——要执行的命令（命令可以是 ls /proc >> /tmp/proc 之类的命令，也可以是执行你自行编写的脚本的命令）。

在以上任何值中，星号（＊）可以用来代表所有有效的值。譬如，月份值中的星号意味着在满足其他制约条件后每月都执行该命令。

整数间的短线（—）指定一个整数范围。譬如，1—4 意味着整数 1、

2、3、4。

用逗号（,）隔开的一系列值指定一个列表。譬如，3，4，6，8 标明这四个指定的整数。

正斜线（/）可以用来指定间隔频率。在范围后加上/＜integer＞ 意味着在范围内可以跳过 integer。譬如，0－59/2 可以在分钟字段定义每两分钟。间隔频率值还可以和星号一起使用。例如，＊/3 的值可以用在月份字段中表示每三个月运行一次任务。

开头为井号（#）的行是注释，不会被处理。

如在/etc/crontab 文件中所见，它使用 run-parts 脚本来执行/etc/cron.hourly、/etc/cron.daily、/etc/cron.weekly 和/etc/cron.monthly 目录中的脚本，这些脚本被相应地每小时、每日、每周或每月执行。这些目录中的文件应该是 shell 脚本。

如果某 cron 任务需要根据调度来执行，而不是每小时、每日、每周或每月地执行，它可以被添加到/etc/cron.d 目录中。该目录中的所有文件使用和/etc/crontab 中一样的语法。

```
# record the memory usage of the system every monday
# at 3:30AM in the file /tmp/meminfo
30 3 * * mon cat /proc/meminfo >> /tmp/meminfo
# run custom script the first day of every month at 4:10AM
10 4 1 * * /root/scripts/backup.sh
```

【例 3-1】crontab

根用户以外的用户可以使用 crontab 工具来配置 cron 任务。所有用户定义的 crontab 都被保存在/var/spool/cron 目录中，并使用创建它们的用户身份来执行。要以某用户身份创建一个 crontab 项目，登录为该用户，然后键入 crontab-e 命令，使用由 VISUAL 或 EDITOR 环境变量指定的编辑器来编辑该用户的 crontab。该文件使用的格式和/etc/crontab 相同。当对 crontab 所做的改变被保存后，该 crontab 文件就会根据该用户名被保存，并写入文件/var/spool/cron/username 中。

cron 守护进程每分钟都检查/etc/crontab 文件、etc/cron.d/目录以及/

var/spool/cron 目录中的改变。如果发生了改变，它们就会被载入内存。这样，当某个 crontab 文件改变后就不必重新启动守护进程了。

2. 控制对 cron 的使用

/etc/cron.allow 和 /etc/cron.deny 文件被用来限制对 cron 的使用。这两个使用控制文件的格式都是每行一个用户。两个文件都不允许空格。如果使用控制文件被修改了，cron 守护进程（crond）不必被重启。使用控制文件在每次用户添加或删除一项 cron 任务时都会被读取。

无论使用控制文件中的规定如何，根用户都是可以使用 cron。

如果 cron.allow 文件存在，只有其中列出的用户才被允许使用 cron，并且 cron.deny 文件会被忽略。

如果 cron.allow 文件不存在，所有在 cron.deny 中列出的用户都被禁止使用 cron。

3. 启动和停止服务

要启动 cron 服务，使用 /sbin/service crond start 命令。要停止该服务，使用 /sbin/service crond stop 命令。推荐你在引导时启动该服务。

3.2.2　anacron

anacron 是和 cron 相似的任务调度器，只不过它并不要求系统持续运行，它可以用来运行由 cron 运行的每日、每周和每月的作业；要使用 anacron服务，必须安装 anacron 软件包，anacron 服务必须在运行中；rpm-qcronie-anacron 查看是否已经安装 anacron。

要判定该服务是否正在运行，可以使用 /sbin/service crond status 命令。

anacron 与 cron 一样用来调度重复的任务，周期性安排作业；任务被列在配置文件 /etc/anacrontab 中。文件中的每一行都代表一项任务，格式是：

格式：period delay job——identifier command

period——命令执行的频率（天数）

delay——延迟时间（分钟）

job－identifier——任务的描述，用在 anacron 的消息中，并作为作业时间中文件的名称，只能包括非空白的字符（除斜线外）。

command-要执行的命令

对于每项任务，anacron 先判定该任务是否已在配置文件的 period 字段中指定的期间内被执行了。如果它在给定期间内还没有被执行，anacron 会等待 delay 字段中指定的分钟数，然后执行 command 字段中指定的命令；任务完成后，anacron 在/var/spool/anacron 目录内的时间戳文件中记录日期；这里只记录日期，无具体时间，而且 job-identifier 的数值被用作时间控制文件的名称。

Anacron 与 cron 配置文件相似，SHELL 和 PATH 之类的环境变量可以在/etc/anacrontab 文件的前部定义。

现在从配置文件入手来分析 anacron：

```
# /etc/anacrontab：configuration file for anacron
# See anacron(8) and anacrontab(5) for details.
SHELL＝/bin/sh
PATH  ＝/usr/local/sbin：/usr/local/bin：/sbin：/bin：/usr/sbin：/usr/bin
MAILTO＝root
1 65 cron.daily run-parts /etc/cron.daily
7 70 cron.weekly run-parts /etc/cron.weekly
30 75 cron.monthly run-parts /etc/cron.monthly
```

1，2 行注释告诉用户文件是做什么用的，从 man 5 anacrontab 获取配置文件帮助。

3，4，5 行是定义用户基本环境变量，保证程序可以正常运行。

6，7，8 行是默认配置下所执行的任务，也是最重要的任务配置部分。

格式为：period delay job-identifier command

格式分为四部分：执行频率（天数），延迟时间（分钟），任务描述，需要执行的命令。第一部分是指执行的周期天数，即任务多少天执行一次，monthly 就是一个月（30 天）内执行，weekly 即是一周内执行一次。第二部分是指命令执行的重试时间，分为两种。第三部分是 job-identifier：anacron 每次启动时都会在/var/spool/anacron 中建立一个以 job-identifier为文件名的文件，记录指定的任务完成时间，如果任务是第一次运行，则该文件是空的，这里只要注意不要用不能作为文件名的字符串即可，另外文件名不要太长。

3.2.3 at

cron 被用来调度重复的任务，at 命令被用来在指定时间内调度一次性的任务。

如果要使用 at 命令，必须安装 at 软件包，并且 atd 服务必须在运行。如果要判定该软件包是否被安装，使用 rpm-q at 命令。如果要判定该服务是否在运行，使用/sbin/service atd status 命令。

如果要在某一指定时间内调度一项一次性作业，键入 at time 命令。这里的 time 是执行命令的时间。

time 参数可以是下面格式中任何一种：

（1）HH:MM 格式——譬如,04:00 代表 4:00AM。如果时间已过,它就会在第二天的这一时间执行。

（2）midnight——代表 12:00AM。

（3）noon——代表 12:00PM。

（4）teatime——代表 4:00PM。

（5）英文月名、日期、年份、格式——譬如,January 15 2002 代表 2002 年1 月 15 日。年份可有可无。

（6）MMDDYY、MM/DD/YY 或 MM.DD.YY 格式——譬如,011502代表 2002 年 1 月 15 日。

（7）now ＋ 时间——时间以 minutes、hours、days 或 weeks 为单位。譬如，now ＋ 5 days 代表命令应该在 5 天之后的此时此刻执行。

时间必须要被先指定，接着是可有可无的日期。关于时间格式的详情，请阅读/usr/share/doc/at-＜version＞/timespec 文本文件。

输入了 at 命令和它的时间参数后，at＞ 提示就会出现。输入要执行的命令，按"Enter"键，然后按"Ctrl＋D"快捷键。你可以指定多条命令，方法是输入每一条命令后按"Enter"键。输入所有命令后，按"Enter"键转入一个空行，然后再按"Ctrl＋D"快捷键。或者，你也可以在提示后输入 shell 脚本，在脚本的每一行后按"Enter"键，然后在空行处按"Ctrl＋D"快捷键来退出。如果输入的是脚本，所用的 shell 就会是用户的 SHELL 环境变量中设置的值，用户的登录 shell 或是/bin/sh（使用最先发现的）。

如果这组命令或脚本试图在标准输出中显示信息，该输出会用电子邮件方式被邮寄给用户。

使用命令 atq 来查看等待运行的作业。

```
# atq
26 Thu Feb 23 15:00:00 2017 a root
28 Thu Feb 24 17:30:00 2017 a root
```

3.2.4 batch

batch 命令用于指定时间，当系统不繁忙时执行任务，用法与 at 相似。可以用它来规划一次性任务（也称为作业），并且在系统负载平均值低于该值时运行。这对于执行资源需求比较多的任务或者防止系统闲置的任务非常方便。

用户使用 batach 实用程序指定批处理作业，然后由 atd 服务执行作业。

1. 安装要求

batch 实用程序被包含在 at 软件包内，并且 batch 任务是由 atd 服务管

理的，所以使用 batch 的前提条件和 at 是一致的。

2. 配置 batch 作业

如果要在系统平均载量降到 0.8 以下时执行某项一次性的任务，使用 batch 命令。

键入 batch 命令后，at>提示就会出现。键入要执行的命令，按"Enter"键，然后按"Ctrl+D"快捷键。你可以指定多条命令，方法是输入每一条命令后按"Enter"键。键入所有命令后，按"Enter"键转入一个空行，然后再按"Ctrl+D"快捷键。或者，你也可以在提示后输入 shell 脚本，在脚本的每一行后按"Enter"键，然后在空行处按"Ctrl+D"快捷键来退出。如果输入的是脚本，所用的 shell 就会是用户的 SHELL 环境变量中设置的值，用户的登录 shell，或是 /bin/sh（使用最先发现的）。系统平均载量一降到 0.8 以下，这组命令或脚本就会被执行。

如果这组命令或脚本试图在标准输出中显示信息，该输出会用电子邮件方式被邮寄给用户。

3. 查看等待运行的作业

如果要查看等待运行的 at 和 batch 作业，可以使用 atq 命令。它显示一列等待运行的作业，每项作业只占据一行。每一行的格式都是：作业号码、日期、小时、作业类别以及用户名。用户只能查看他们自己的作业。如果根用户执行 atq 命令，所有用户的全部作业都会被显示。

4. 其他的命令行选项

at 和 batch 的其他命令行选项如表 3.2.1 所示。

表 3.2.1　at 和 batch 的命令行选项

选项	描述
-f	从文件中读取命令或 shell 脚本，而非在提示后指定它们
-m	在作业完成后，给用户发送电子邮件
-v	显示作业将被执行的时间

5. 控制对 at 和 batch 的使用

/etc/at.allow 和/etc/at.deny 文件可以用来限制对 at 和 batch 命令的使用。这两个使用控制文件的格式都是每行一个用户。两个文件都不允许使用空白字符。如果使用控制文件被修改了，at 守护进程（atd）不必被重启。每次用户试图执行 at 或 batch 命令时，使用控制文件都会被读取。

不论使用控制文件如何规定，根用户都可以执行 at 和 batch 命令。

如果 at.allow 文件存在，只有其中列出的用户才能使用 at 或 batch 命令，at.deny 文件会被忽略。

如果 at.allow 文件不存在，所有在 at.deny 文件中列出的用户都会被禁止使用 at 和 batch 命令。

6. 启动和停止服务

如果要启动 at 服务，可以使用/sbin/service atd start 命令。如果要停止该服务，则使用/sbin/service atd stop 命令。建议你在引导时启动该服务。

3.3　日志文件

3.3.1　定位日志文件

日志文件（Log files）是包含关于系统消息的文件，包括内核、服务在系统上运行的应用程序等。不同的日志文件记载不同的信息。例如，有的是默认的系统日志文件，有的仅用于安全消息，有的记载 cron 任务的日志。

当你在试图诊断和解决系统问题时，如试图载入内核驱动程序或寻找对系统未经授权的使用企图时，日志文件会很有用。本章讨论要到哪里去寻找日志文件，如何查看日志文件，以及在日志文件中查看什么。

某些日志文件被叫作 syslogd 的守护进程控制。被 syslogd 维护的日志消息列表可以在/etc/syslog.conf 配置文件中找到。

多数日志文件位于/var/log/目录中。某些程序如 httpd 和 samba 在/var/log/中有单独的存放它们自己的日志文件的目录。

注意，日志文件目录中会有多个后面带有数字的文件。这些文件是在日志文件被循环时创建的。日志文件被循环使用，因此文件不会变得太大。logrotate 软件包中包含一个能够自动根据/etc/logrotate.conf 配置文件和/etc/logrotate.d 目录中的配置文件来循环使用日志文件的 cron 任务。按照默认配置，日志每周都被循环，并被保留四周之久。

3.3.2 查看日志文件

多数日志文件使用纯文本格式。你可以使用任何文本编辑器如 Vi 或 Emacs 来查看它们。某些日志文件可以被系统上所有用户查看；不过，你需要拥有根特权来阅读多数日志文件。

如果要在互动的、真实时间的应用程序中查看系统日志文件，使用日志查看器。要启动这个应用程序，单击面板上的"主菜单"→"系统工具"→"系统日志"按钮，或在 shell 提示下输入 redhat－logviewer 命令。

这个应用程序只能显示存在的日志文件，因此，其列表可能会与图 3.3.1略有不同。

如果要过滤日志文件的内容来查找关键字，在"过滤"文本字段中输入关键字，然后单击"过滤器"按钮。单击"重设"按钮来重设内容。

图 3.3.1　日志查看器

按照默认设置，当前可查看的日志文件每隔 30 秒被刷新一次。要改变刷新率，从下拉菜单中选择"编辑"→"首选项"选项。出现如图3.3.2所示的窗口。在"日志文件"标签中，单击刷新率旁边的上下箭头来改变它。

单击"关闭"按钮来返回到主窗口。刷新率会被立即改变。要手工刷新当前可以查看的文件，选择"文件"→"即刻刷新"按钮或按"Ctrl＋R"快捷键。

可以在首选项的"日志文件"活页标签中改变日志文件的位置。从列表中选择日志文件，然后单击"编辑"按钮。键入日志文件的新位置，或单击"浏览"按钮来从文件选择对话框中定位文件位置。单击"确定"按钮来返回到首选项窗口，然后单击"关闭"按钮来返回到主窗口。

图 3.3.2　日志文件的位置

3.4　内核模块

3.4.1　内核模块工具

　　Linux 内核具有模块化设计。在引导时，只有少量的驻留内核被载入内存。这之后，无论何时用户要求使用驻留内核中没有的功能，某内核模块（kernel module），有时又称驱动程序（driver）就会被动态地载入内存。

　　在安装过程中，系统上的硬件会被探测。基于探测结果和用户提供的信息，安装程序会决定哪些模块需要在引导时被载入。安装程序会设置动态载入机制来透明地运行。

　　如果安装后添加了新硬件，而这个硬件需要一个内核模块，系统必须被配置来为新硬件载入正确的内核模块。从 CentOS6 开始，Linux 内核用 udev 代替了原先的 Kudzu。udev 以守护进程的形式运行，通过侦听内核发出的 uevent 来管理/dev 目录下的设备文件。udev 的"u"，强调它在用户空间运行，而不在内核空间运行。

　　例如，如果某系统包括了一个 SMC EtherPower 10 PCI 网卡，系统配置文件/etc/sysconfig/network-scrupts 包含一个文件

　　ifcfg-enp5s0. 其中 enp5s0 包含总线插槽信息。

　　如果系统上添加了第二个网卡，它和第一个网卡一模一样，在/etc/sysconfig/network-scripts/目录增加一个文件，如：

　　ifcfg-enp0s8

如果要获得内核模块的字母顺序列表以及这些模块所支持的硬件，请参阅《红帽企业 Linux 参考指南》。

如果安装了 modutils 软件包，还可以使用一组管理内核模块的命令。使用这些命令来判定模块是否被成功地载入，或为一件新硬件试验不同的模块。

/sbin/lsmod 命令显示了当前载了的模块列表。例如：

Module	Size	Used by
iptable _ filter	2412	0 (autoclean) (unused)
ip _ tables	15864	1 [iptable _ filter]
nfs	84632	1 (autoclean)
lockd	59536	1 (autoclean) [nfs]
sunrpc	87452	1 (autoclean) [nfs lockd]
soundcore	7044	0 (autoclean)
ide-cd	35836	0 (autoclean)
cdrom	34144	0 (autoclean) [ide-cd]
parport _ pc	19204	1 (autoclean)
lp	9188	0 (autoclean)
parport	39072	1 (autoclean) [parport _ pc lp]
autofs	13692	0 (autoclean) (unused)
e100	62148	1
microcode	5184	0 (autoclean)
keybdev	2976	0 (unused)
mousedev	5656	1
hid	22308	0 (unused)
input	6208	0 [keybdev mousedev hid]
usb-uhci	27468	0 (unused)
usbcore	82752	1 [hid usb-uhci]
ext3	91464	2
jbd	56336	2 [ext3]

对每行而言，第一列是模块名称；第二列是模块大小；第三列是用量计数。

用量计数后面的信息对每个模块而言都有所不同。如果（unused）被列在某模块的一行中，表明该模块当前没在使用。如果（autoclean）被列在某模块的一行中，表明该模块可以被 rmmod-a 命令自动清洗。当这个命令被执行后，所有上一次被自动清洗后未被使用的被标记了"autoclean"的模块都会被卸载。

如果模块名称被列举在行尾，则表示列表内的模块依赖于列举在这一行的第一列中的模块。例如，在以下行中：

```
usbcore                    82752    1 hid usb-uhci
```

hid 和 usb－uhci 内核模块依赖于 usbcore 模块。

/sbin/lsmod 输出和查看 /proc/modules 的输出类似。

要载入内核模块，使用 /sbin/modprobe 命令，然后跟着内核模块的名称。按照默认设置，modprobe 试图从/lib/modules/< kernel-version >/kernel/drivers/ 子目录中载入模块。每类模块都有一个子目录，如用于网络接口驱动程序的 net/ 子目录。某些内核模块有模块依赖关系，这意味着必须首先载入其他模块才能载入这些模块。/sbin/modprobe 命令检查这些依赖关系，并在载入指定模块前载入满足这些依赖关系的模块。

例如：

```
/sbin/modprobe hid
```

这个命令载入任何满足依赖关系的模块，然后再载入 hid 模块。

如果要在 /sbin/modprobe 执行命令的时候，把它们都显示在屏幕上，可以使用-v 选项。例如：

```
/sbin/modprobe-v hid
```

所显示的输出与下面相似：

```
/sbin/insmod /lib/modules/3.10.0-862.14.4.el7.x86_64/kernel/drivers/
usb/hid.o
    Using /lib/modules/3.10.0-862.14.4.el7.x86_64/kernel/drivers/
usb/hid.o
    Symbol version prefix 'smp_'
```

还可以使用 /sbin/insmod 命令来载入内核模块，不过它不解决依赖关系。因此，推荐使用 /sbin/modprobe 命令。

如果要卸载内核模块，可以使用 /sbin/rmmod 命令和模块名称。rmmod 工具只卸载不在使用的以及不是被正使用的模块所依赖的模块。例如：

/sbin/rmmod hid

这个命令卸载 hid 内核模块。

另一个有用的模块工具是 modinfo。使用 /sbin/modinfo 命令来显示关于内核模块的信息。一般语法是：

/sbin/modinfo [options] <module>

包括-d 在内的选项显示了关于模块的简短描述，-p 选项列举了模块所支持的参数。如果要获取选项的完整列表，请参阅 modinfo 的说明书页（man modinfo）。

3.5　邮件传输代理配置

3.5.1　安装 Postfix

CentOS 7 主源中自带的 Postfix 版本并不支持 MariaDB。所以，我们将从 CentOS Plus 源中进行安装。在此之前，我们在［base］和［updates］源中过滤掉 Postfix，防止版本更新时，被不支持 MariaDB 的 Postfix 覆盖。

文件：/etc/yum.repos.d/CentOS—Base.repo

［base］

name＝CentOS-$ releasever-Base

exclude＝postfix

#released updates

［updates］

name＝CentOS-$ releasever -Updates

exclude＝postfix

1. 安装必需的软件

yum--enablerepo＝centosplus install postfix

yum install dovecot mariadb-server dovecot-mysql

以上安装了 Postfix、Dovecot 及 MariaDB

下面，我们配置 MariaDB 数据库。

2. 配置 MariaDB 数据库

（1）设置 MariaDB。

①让 MariaDB 随系统启动。

systemctl enable mariadb. service

/bin/systemctl start mariadb. service

②初始化 MariaDB。执行 mysql _ secure _ installation 命令进行初始化。在初始化过程中，建议我们修改 MariaDB 的 root 密码、移除匿名账号、禁止 root 远端登录及移除测试数据库，最后会重新加载权限表。

mysql _ secure _ installation

③打开 MariaDB 控制台。

```
mysql-u root-p
```

④创建邮箱服务数据库 mail。

```
CREATE DATABASE mail;
USE mail;
```

⑤创建邮箱管理员账号 mail _ admin。

创建后，我们为他分配 mail 数据库的读写权限。

注意：将下面语句中的 mail _ admin _ password 替换为您自己的强密码。

```
GRANT SELECT, INSERT, UPDATE, DELETE ON mail. *
TO 'mail _ admin'@'localhost' IDENTIFIED BY 'mail _ admin _
password';
GRANT SELECT, INSERT, UPDATE, DELETE ON mail. *
TO 'mail _ admin'@'localhost. localdomain' IDENTIFIED BY 'mail
_ admin _ password';
FLUSH PRIVILEGES;
```

⑥创建虚拟域（virtual domains）表。

```
CREATE TABLE domains (
domain varchar (50) NOT NULL,
PRIMARY KEY (domain)
);
```

⑦创建邮件转发（mail forwarding）表。

```
CREATE TABLE forwardings (
source varchar (80) NOT NULL,
destination TEXT NOT NULL,
PRIMARY KEY (source)
);
```

⑧创建用户（mail _ users）表。

```
CREATE TABLE mail _ users (
email varchar (80) NOT NULL,
password varchar (20) NOT NULL,
PRIMARY KEY (email)
);
```

⑨创建邮件传输（transports）表。

```
CREATE TABLE transport (
domain varchar (128) NOT NULL default ",
transport varchar (128) NOT NULL default ",
UNIQUE KEY domain (domain)
);
```

⑩退出 MariaDB 控制台。

```
quit
```

⑪绑定 MariaDB 到本机(127.0.0.1)。

文件：/etc/my.cnf

[mysqld]

bind—address=127.0.0.1

⑫重启数据库。

/bin/systemctl restart mariadb.service

（2）配置 Postfix 并关联 MariaDB。注意：下面的过程中，请将 mail _ admin _ password 替换为您在上面的操作中所设置的密码。

①创建虚拟域配置文件。

文件：/etc/postfix/mysql-virtual_domains.cf

user = mail_admin

password = mail_admin_password

dbname = mail

query = SELECT domain AS virtual FROM domains WHERE do-main='%s'

hosts = 127.0.0.1

②创建虚拟转发配置文件。

文件：/etc/postfix/mysql—virtual_forwardings.cf

user = mail_admin

password = mail_admin_password

dbname = mail

query = SELECT destination FROM forwardings WHERE source='%s'

hosts = 127.0.0.1

③创建虚拟邮箱配置文件。

文件:/etc/postfix/mysql−virtual_mailboxes.cf

user = mail_admin

password = mail_admin_password

dbname = mail

query = SELECT CONCAT(SUBSTRING_INDEX(email,'@',−
1),'/',SUBSTRING_INDEX(email,'@',1),'/') FROM mail_users
WHERE email='%s'

hosts = 127.0.0.1

④创建虚拟邮箱映射文件。

文件:/etc/postfix/mysql−virtual_email2email.cf

user = mail_admin

password = mail_admin_password

dbname = mail

query = SELECT email FROM mail_users WHERE email='%s'

hosts = 127.0.0.1

⑤修改以上各配置文件的权限。

chmod o= /etc/postfix/mysql-virtual_ * .cf

chgrp postfix /etc/postfix/mysql-virtual_ * .cf

⑥创建系统用户及组，用来处理邮件。并建立虚拟邮箱的存放路径。

groupadd-g 5000 vmail

useradd-g vmail-u 5000 vmail-d /home/vmail-m

⑦完成剩余的 Postfix 配置。注意：用自己的主机名替换下面的

server.example.com

```
postconf-e 'myhostname = server.example.com'

postconf-e 'mydestination = localhost, localhost.localdomain'

postconf-e 'mynetworks = 127.0.0.0/8'

postconf-e 'inet_interfaces = all'

postconf-e 'message_size_limit = 30720000'

postconf-e 'virtual_alias_domains ='

postconf-e 'virtual_alias_maps = proxy:mysql:/etc/postfix/mysql-
virtual _ forwardings. cf, mysql:/etc/postfix/mysql-virtual _
email2email.cf'

postconf-e 'virtual_mailbox_domains = proxy:mysql:/etc/postfix/
mysql-virtual_domains.cf'

postconf-e 'virtual_ mailbox_ maps = proxy:mysql:/etc/postfix/
mysql-virtual_mailboxes.cf'

postconf-e 'virtual_mailbox_base = /home/vmail'

postconf-e 'virtual_uid_maps = static:5000'

postconf-e 'virtual_gid_maps = static:5000'

postconf-e 'smtpd_sasl_type = dovecot'

postconf-e 'smtpd_sasl_path = private/auth'

postconf-e 'smtpd_sasl_auth_enable = yes'

postconf-e 'broken_sasl_auth_clients = yes'

postconf-e 'smtpd_sasl_authenticated_header = yes'

postconf-e 'smtpd_ recipient_ restrictions = permit_ mynetworks,
permit_sasl_authenticated, reject_unauth_destination' postconf-e '
smtpd_use_tls = yes'
```

```
postconf-e 'smtpd_tls_cert_file = /etc/pki/dovecot/certs/dovecot.
pem'
postconf-e 'smtpd_tls_key_file = /etc/pki/dovecot/private/dovecot.
pem'
postconf-e 'virtual_create_maildirsize = yes'
postconf-e 'virtual_maildir_extended = yes'
postconf-e 'proxy_read_maps = $ local_recipient_maps $ mydesti-
nation $ virtual_alias_maps $ virtual_alias_domains $ virtual_mail-
box_ maps $ virtual _ mailbox _ domains $ relay _ recipient _ maps
$ relay_domains $ canonical_maps $ sender_canonical_maps $ re-
cipient_canonical_maps $ relocated_maps $ transport_maps $ my-
networks $ virtual_mailbox_limit_maps'
postconf-e 'virtual_transport = dovecot'
postconf-e 'dovecot_destination_recipient_limit = 1'
```

⑧编辑/etc/postfix/master. cf 文件，在文件底部添加 Dovecot 服务。

```
文件：/etc/postfix/master.cf
dovecot unix-n n--pipe
flags = DRhu  user = vmail：vmail  argv =/usr/libexec/dovecot/
deliver-f $ {sender}-d $ {recipient}
```

⑨配置 Postfix 随系统启动。

```
systemctl enable postfix.service
/bin/systemctl start postfix.service
```

至此我们完成了 Postfix 的全部配置。

3. 配置 Dovecot

（1）备份/etc/dovecot/dovecot.conf 文件。

mv /etc/dovecot/dovecot.conf /etc/dovecot/dovecot.conf-backup

（2）新建配置文件。

文件：/etc/dovecot/dovecot.conf

注意：替换第 37 行的 example.com 为您自己的域。

```
protocols = imap pop3

log_timestamp = "%Y-%m-%d %H:%M:%S "

mail_location = maildir:/home/vmail/%d/%n/Maildir

ssl_cert_file = /etc/pki/dovecot/certs/dovecot.pem

ssl_key_file = /etc/pki/dovecot/private/dovecot.pem

namespace {

type = private

separator = .

prefix = INBOX.

inbox = yes

}

service auth {

unix_listener auth-master {

mode = 0600

user = vmail

}

unix_listener /var/spool/postfix/private/auth {
```

```
mode = 0666
user = postfix
group = postfix
}
user = root
}
service auth－worker {
user = root
}
protocol lda {
log_path = /home/vmail/dovecot-deliver.log
auth_socket_path = /var/run/dovecot/auth-master
postmaster_address = postmaster@example.com
}
protocol pop3 {
pop3_uidl_format = %08Xu%08Xv
}
passdb {
driver = sql
args = /etc/dovecot/dovecot－sql.conf.ext
}
userdb {
driver = static
args = uid=5000 gid=5000 home=/home/vmail/%d/%n allow_
all_users=yes
}
```

（3）Dovecot 与 MariaDB 关联。我们需要创建/etc/dovecot/dovecot-sql.conf.ext 文件，并加入如下内容：

```
注意:替换 mail_admin_password
文件:/etc/dovecot/dovecot-sql.conf.ext
driver = mysql
connect =
host=127.0.0.1
dbname=mail
user=mail_admin
password=mail_admin_password
default_pass_scheme = CRYPT
password_query = SELECT email as user, password FROM mail_
users WHERE email='%u';
```

（4）修改以上配置文件的权限。

```
chgrp dovecot /etc/dovecot/dovecot-sql.conf.ext
chmod o= /etc/dovecot/dovecot-sql.conf.ext
```

（5）配置 Dovecot 随系统启动。

```
systemctl enable dovecot.service
/bin/systemctl start dovecot.service
```

（6）检查 Dovecot 的启动日志是否正常。

```
文件:/var/log/maillog
dovecot: master: Dovecot v2.2.10 starting up for imap, pop3 (core
dumps disabled)
```

（7）使用 telnet 工具测试 POP3。

```
yum install telnet
telnet localhost pop3
```

（8）终端应该会出现如下提示。

```
Trying 127.0.0.1...
Connected to localhost.
Escape character is ^].
+OK Dovecot ready.
```

（9）输入 quit 退出控制台。

```
quit
```

至此，我们完成了 Dovecot 配置。下一步，我们要确保别名是否正常配置。

4. 配置邮箱别名

（1）编辑文件/etc/aliases，确保 postmaster 和 root 按照您的信息进行配置。

```
文件：/etc/aliases
postmaster：root
root：postmaster@example.com
```

（2）编辑别名，并重启 Postfix。

```
newaliases
/bin/systemctl restart postfix.service
```

至此，我们完成了别名配置。下一步，我们来测试 Postfix 是否正常。

3.5.2   测试 Postfix

（1）测试 Postfix 的 SMTP—AUTH 和 TLS。

```
telnet localhost 25
```

（2）保持连接，并输入如下命令。

```
ehlo localhost
```

您将会看到类似以下信息：

```
250-hostname.example.com
250-PIPELINING
250-SIZE 30720000
250-VRFY
250-ETRN
250-STARTTLS
250-AUTH PLAIN
250-AUTH=PLAIN
250-ENHANCEDSTATUSCODES
250-8BITMIME
250 DSN
```

（3）输入 quit 退出测试。

下一步，我们创建数据库用来管理域及用户。

3.5.3 创建测试域及用户

注意：开始继续前，请先做好域名的 DNS 及 MX 相关设置。

在下面的例子中，我们假设使用"example.com"这个域，并创建"test@example.com"邮箱。

（1）打开 MariaDB 控制台。

```
mysql-u root-p
```

（2）切换到 mail 数据库，创建域及用户。

注意：下面的 password 请用强密码。

```
USE mail；
INSERT INTO domains（domain）VALUES（'example.com'）；
INSERT INTO mail_users（email，password）VALUES（'test@ex-
ample.com'，ENCRYPT（'password'））；
quit
```

3.5.4　检查日志

上面的发送测试完成后，我们需要检查一下日志，看看邮件是否可以正常送达。

（1）检查/var/log/maillog。我们应该会看到类似的内容：

```
文件：/var/log/maillog
localhost postfix/cleanup［3427］：B624062FA：message-id＝＜
20150318171847.B624062FA@example.com＞
localhost postfix/qmgr［3410］：B624062FA：from＝＜root@
example.com＞，size＝515，nrcpt＝1（queue active）
localhost postfix/pipe［3435］：B624062FA：to＝＜test@example.
com＞，relay＝dovecot，delay＝0.14，delays＝0.04/0.01/0/0.09，
dsn＝2.0.0，$
localhost postfix/qmgr［3410］：B624062FA：removed
```

（2）检查 Dovecot 日志。

```
文件：/home/vmail/dovecot-deliver.logdeliver（＜test@example.com
＞）：Info：msgid＝＜＜20110121200319.E1D148908@hostname.
example.com＞＞：saved mail to INBOX
```

下面，我们使用邮箱客户端进行测试。

3.5.5 测试邮箱客户端

测试 test@example.com 的邮箱，输入如下命令。

```
cd /home/vmail/example.com/test/Maildir
find
```

如果系统禁用了 root 账户，可能导致无法进入 vmail 目录，可以使用 su root 临时提升权限。可以看到如下信息：

```
./dovecot-uidlist
./cur
./new
./new/1285609582.P6115Q0M368794.li172-137
./dovecot.index
./dovecot.index.log
./tmp
```

3.6　Samba 文件共享

3.6.1　Samba 简介

Samba（SMB 是其缩写）是一个网络服务器，用于 Linux 和 Windows 共享文件之用。Samba 既可以用于 Windows 和 Linux 之间的共享文件，也一样用于 Linux 和 Linux 之间的共享文件。不过对于 Linux 和 Linux 之间共享文件有更好的网络文件系统 NFS，NFS 也是需要架设服务器的。

在 Windows 网络中的每台机器即可以是文件共享的服务器，也可以同是客户机。Samba 也一样能行，比如一台 Linux 的机器，如果架了 Samba Server 后，它能充当共享服务器，同时也能作为客户机来访问其他网络中的 Windows 共享文件系统或其他 Linux 的 Sabmba 服务器。

在 Windows 网络中，可以直接把共享文件夹当作本地硬盘来使用。在 Linux 的中，就是通过 Samba 网络中的机器提供共享文件系统，也可以把网络中其他机器的共享挂载在本地机上使用；这在一定意义上说和 FTP 是不一样的。

3.6.2 Samba 功能和应用范围

Samba 应用范围主要是 Windows 和 Linux 系统共存的网络中使用。如果一个网络环境都是 Linux 或 Unix 类的系统，没有必要用 Samba，应该用 NFS 更好一点。Samba 能为我们提供的服务主要是共享文件和共享打印机。

1．Samba 服务器

（1）Samba 有两个服务器，一个是 smb，另一个是 nmb。smb 是 Samba 的主要启动服务器，让其他机器能知道此机器共享了什么；如果不打开 nmb 服务器的话，只能通过 IP 来访问，比如在 Windows 的 IE 浏览器上打入下面的一条来访问：

```
\\192.168.1.5\共享目录
\\192.168.1.5\opt
```

而 nmb 是解析用的，解析了什么呢？就是把这台 Linux 机器所共享的工作组及在此工作组下的 netbios name 解析出来。一般的情况下，在 RPM 包的系统，如果是用 RPM 包安装的 Samba ，一般可以通过如下的方式来启动 Samba 服务器。

```
[root@localhost ～]# /etc/init.d/smb start
启动 SMB 服务：                              [   确定   ]
启动 NMB 服务：                              [   确定   ]
```

如果停止就在 smb 后面加 stop ；重启就是 restart。

```
[root@localhost ～]# /etc/init.d/smb stop
[root@localhost ～]# /etc/init.d/smb restart
```

对于所有系统来说，通用的办法就是直接运行 smb 和 nmb；当然您要知道 smb 和 nmb 所在的目录才行。

```
[root@localhost ~] # /usr/sbin/smbd
[root@localhost ~] # /usr/sbin/nmbd
```

查看服务器是否运行起来了，则用下面的命令：

```
[root@localhost ~] # pgrep smbd
[root@localhost ~] # pgrep nmbd
```

关掉 Samba 服务器，也可以用下面的办法，大多是通用的；要 root 权限来执行。

```
[root@localhost ~] # pkill smbd
[root@localhost ~] # pkill nmbd
```

（2）查看 Samba 服务器的端口及防火墙。查看这个有何用呢？有时你的防火墙可能会把 smbd 服务器的端口封掉，所以我们应该 smbd 服务器所占用的端口；下面查看中，我们知道 smbd 所占用的端口是 139 和 445。

```
[root@localhost ~]# netstat-tlnp |grep smb
tcp      0      00.0.0.0:139              0.0.0.0: *
              LISTEN      10639/smbd
tcp      0      00.0.0.0:445              0.0.0.0: *
              LISTEN      10639/smbd
```

如果您有防火墙，一定要把这两个端口打开。

```
[root@localhost~]# iptables-F
```

或

```
[root@localhost~]# /sbin/iptables-F
```

（3）查看 Samba 服务器的配置文件。如果我们是用 Linux 发行版自带的 Samba 软件包，一般情况下 Samba 服务器的配置文件都位于/etc/samba 目录中，服务器的主配置文件是 smb.conf；也有用户配置文件 smbpasswd、smbusers 和 lmhosts 等（最好您看一下这些文件的内容）；还有一个文件是 secrets.tdb，这个文件是 Samba 服务器启动手自动生

成的。

（4）Samba 在 Linux 中的一些工具（服务器端和客户端）。

```
smbcacls  smbcontrol  smbencrypt  smbmount  smbprint  smbstatus
smbtree
smbclient smbcquotas  smbmnt     smbpasswd smbspool  smbtar
smbumount
smbd nmbd   mount
```

其中服务器端的是 smbd、nmbd、smbpasswd ；其他的大多是客户端；这些并不是都需要一定要精通的，但至少得会用几个；比如 smbmount（也就是 mount 加参数的用法），smbclient 等。

（5）在 Linux 中的常用工具 mount（smbmount）和 smbclient 查看网络中 Windows 共享文件及 Linux 中的 Samba 共享文件。一般的情况下，要用到 smbclient，常用的用法如下方所示。

```
［root@localhost～］＃ smbclient  -L   //ip 地址或计算机名
```

smbclient 是 Samba 的 Linux 客户端，在 Linux 机器上用来查看服务器上的共享资源，也可以像 FTP 一样，用户可以登录 Samba 服务器，也可以上传 put 和下载 get 文件，遗憾的是对中文支持并不友好。

如果要查看服务器上的资源，键入如下命令：

```
smbclient-L//IP   ［-U 用户名］
```

如果您的 Samba 服务器配置为 user 模式，就要加 "-U 用户名"，如果是 share 模式，可以省略。

比如：

```
［root@localhost ～]# smbclient-L   //192.168.1.3   -U sir01
Password：请输入用户 sir01 的密码
```

如果您是用 share 模式，不必理会用户和密码，直接使用即可。

```
［root@localhost～]＃ smbclient-L   //192.168.1.3
Password：直接按回车
```

登录用户身份 Samba 服务器共享，以用户身份登录共享后，能像 FTP 用户一样，下传和下载文件；用 put 表示上传，用 get 表示下载。

> smbclient //IP 地址/共享文件夹 -U 用户

说明：IP 地址大家都知道，你不知道自己的 IP 地址，可以用/sbin/ifconfig 来查看；共享文件夹是我们在 smb.conf 中定义的 [共享文件夹]，比如 [sir01]。-U 用户名表示 Samba 的用户，比如：

> [root@localhost ~]# smbclient //192.168.1.3/sir01-U sir01
> Password：
> Domain＝[LINUXSIR] OS＝[Unix] Server＝[Samba 3.0.21b－2]
> smb:\> ls

说明：登录到 Samba 服务器上，就可以用 smbclient 的一些指令，可以像用 FTP 指令一样上传和下载文件。

smbclient 命令说明	
命令	说明
? 或 help [command]	提供关于帮助或某个命令的帮助
! [shell command]	执行所用的 SHELL 命令，或让用户进入 SHELL 提示符
cd [目录]	切换到服务器端的指定目录，如未指定，则 smbclient 返回当前本地目录
lcd [目录]	切换到客户端指定的目录
dir 或 ls	列出当前目录下的文件
exit 或 quit	退出 smbclient
get file1 file2	从服务器上下载 file1，并以文件名 file2 存在本地机上；如果不想改名，可以把 file2 省略
mget file1 file2 file3 filen	从服务器上下载多个文件
md 或 mkdir 目录	在服务器上创建目录
rd 或 rmdir 目录	删除服务器上的目录
put file1 [file2]	向服务器上传一个文件 file1，传到服务器上改名为 file2
mput file1 file2 filen	向服务器上传多个文件

（6）在 Windows 中访问 Linux Samba 服务器共享文件。在网上邻居，查看工作组就能看得到，或者在浏览器上键入如下命令：

> \\\ip 地址或计算机名

这样就能看到这个机器上有什么共享的了，点鼠标操作完成；如果访问不了，不要忘记把 Linux 的防火墙规划清掉，或让相应的端口通过；

2. Linux 中 smbfs 文件系统的挂载

mount 的用法，加载网络中的共享文件夹到本地机。mount 就是用于挂载文件系统的，SMB 作为网络文件系统的一种，也能用 mount 挂载，smbmount 说到底也是用 mount 的一个变种。

mount 挂载 smbfs 的用法：

> mount-t smbfs-o codepage＝cp936，username＝用户名，password＝密码，-l　//ip 地址/共享文件夹名　挂载点

或

> mount-t smbfs-o codepage＝cp936，username＝用户名，password＝密码，-l　//计算机名/共享文件夹名　挂载点

或

> mount-t smbfs　-o codepage＝cp936　//ip 地址或计算机名/共享文件夹名　挂载点

smbmount 的用法：

> smbmount-o username＝用户名，password＝密码，-l　//ip 地址或计算机名/共享文件夹名　挂载点
> smbmount　//ip 地址或计算机名/共享文件夹名　　挂载点

说明：

如果您的服务器是以 share 共享的，则无须用户名和密码就能挂载，如果出现要密码的提示，直接回车就行。您也可以用 smbmount 来挂载，这样就无需用 mount-t smbfs 来指定文件系统的类型了。

对于挂载点，我们要自己建立一个文件夹，比如我们可以建在/opt/smbhd。

在 mount 的命令中，我们发现有这样的一个参数 codepage＝cp936，这是服务器端文件系统的编码的指定，cp936 就是简体中文，也可以使用 utf8 等。

如果您挂载了远程的 smbfs 文件系统出现的是简体中文乱码，就要考虑挂载时要指定编码了。由最简单的一个例子说起，匿名用户可读可写的实现。

第一步，更改 smb.conf。

我们来实现一个最简单的功能，让所有用户可以读写一个 Samba 服务器共享的一个文件夹。我们要改动一下 smb.conf，首先您要备份一下 smb.conf 文件。

```
[root@localhost~]# cd /etc/samba
[root@localhost samba]# mv smb.conf smb.confBAK
```

然后我们来重新创建一个 smb.conf 文件。

```
[root@localhost samba]# touch smb.conf
```

然后我们把下面这段写入 smb.conf 中。

```
[global]
workgroup = LinuxSir
netbios name = LinuxSir05
server string = Linux Samba Server TestServer
security = share
[linuxsir]
        path = /opt/linuxsir
        writeable = yes
        browseable = yes
        guest ok = yes
```

注解：

[global] 这段是全局配置，是必须写的。其中有如下的几行：

workgroup 就是 Windows 中显示的工作组；在这里我设置的是 LINUXSIR（用大写）。

netbios name 就是在 Windows 中显示出来的计算机名。

server string 就是 Samba 服务器说明，可以自己来定义；这个不是什么重要的。

security 这是验证和登录方式，这里我们用了 share；验证方式有好多种，这是其中一种；另外一种常用的是 user 的验证方式；如果用 share 呢，就是不用设置用户和密码了。

[linuxsir] 这个在 Windows 中显示出来是共享的目录。

path = 可以设置要共享的目录放在哪里。

writeable 是否可写，这里我设置为可写。

browseable 是否可以浏览，可以；可以浏览意味着，我们在工作组下能看到共享文件夹。如果您不想显示出来，那就设置为 browseable＝no。

guest ok 匿名用户以 guest 身份是登录。

第二步，建立相应目录并授权。

```
[root@localhost~] # mkdir-p /opt/linuxsir
[root@localhost~] # id nobody
uid＝99（nobody）gid＝99（nobody）groups＝99（nobody）
[root@localhost~] # chown-R nobody：nobody /opt/linuxsir
```

注释：

关于授权 nobody，我们先用 id 命令查看了 nobody 用户的信息，发现他的用户组也是 nobody，我们要以这个为准。有些系统 nobody 用户组并非是 nobody。

第三步，启动 smbd 和 nmbd 服务器。

```
[root@localhost~] # smbd
[root@localhost~] # nmbd
```

第四步，查看 smbd 进程，确认 Samba 服务器是否运行。

```
[root@localhost ~] # pgrep smbd
13564
13568
```

第五步，访问 Samba 服务器的共享。在 Linux 中您可以用下面的命令来访问：

```
[root@localhost~] # smbclient -L //LinuxSir05
Password：注：直接按回车
```

在 Windows 中，您可以用下面的办法来访问：

```
\ \ LinuxSir05 \
```

3.6.3　复杂的用户共享模型

比如一个公司有五个部门，分别是 linuxsir，sir01，sir02，sir03，sir04。我们想为这家公司设计一个比较安全的共享文件模型。每个用户都有自己的网络磁盘，sir01 到 sir04 还有共用的网络硬盘；所有用户（包括匿名用户）有一个共享资料库，此库为了安全是只读的；所有的用户（包括匿名用户）要有一个临时文件终转的文件夹。

1. 共享权限设计实现的功能

（1）linuxsir 部门具有管理所有 SMB 空间的权限。

（2）sir01 到 sir04 拥有自己的空间，并且除了自身及 linuxsir 有权限以外，对其他用户具有绝对隐私性。

（3）linuxsir01 到 linuxsir04 拥有一个共同的读写权限的空间。

（4）所有用户（包括匿名用户）有一个有读权限的空间，用于资料库，所以不要求写入数据。

（5）sir01 到 sir04 还有一个共同的空间，对 sir01 到 sir04 的用户来说是隐私的，不能让其他用户来访问。

（6）还要有一个空间，让所有用户可以写入，能删除等功能，在权限上无限制，用于公司所有用户的临时文档终转等。

2. 在服务器上创建相应的目录

```
[root@localhost~] # mkdir-p /opt/linuxsir
[root@localhost~] # cd /opt/linuxsir
[root@localhost linuxsir] # mkdir sir01 sir02 sir03 sir04 sirshare
sir0104rw sirallrw
[root@localhost linuxsir] # ls
sir01   sir0104rw   sir02   sir03   sir04   sirallrw   sirshare
```

功用如下：

/opt/linuxsir 是管理员目录，负责管理其下所有目录。

/opt/linuxsir/sir01 是 sir01 的家目录，用于私用，除了用户本身和 linuxsir 以外其他用户都是不可读不可写。

/opt/linuxsir/sir02 是 sir02 的家目录，用于私用，除了用户本身和 linuxsir 以外其他用户都是不可读不可写。

/opt/linuxsir/sir03 是 sir03 的家目录，用于私用，除了用户本身和 linuxsir 以外其他用户都是不可读不可写。

/opt/linuxsir/sir04 是 sir04 的家目录，用于私用，除了用户本身和 linuxsir 以外其他用户都是不可读不可写。

/opt/linuxsir/sirshare 所用用户（除了 linuxsir 有权限写入外）只读目录。

/opt/linuxsir/sir0104rw 是用于 sir01 到 sir04 用户可读可写共用目录，但匿名用户不能读写。

/opt/linuxsir/sirallrw 用于所有用户（包括匿名用户）的可读可写。

3. 添加用户、用户组，设置相应目录及目录的权限

（1）添加用户组。

```
[root@localhost ~] # /usr/sbin/groupadd linuxsir
[root@localhost ~] # /usr/sbin/groupadd sir01
[root@localhost ~] # /usr/sbin/groupadd sir02
[root@localhost ~] # /usr/sbin/groupadd sir03
[root@localhost ~] # /usr/sbin/groupadd sir04
[root@localhost ~] # /usr/sbin/groupadd sir0104
```

（2）添加用户。

```
[root@cuc03 ~] # adduser-g sir01-G sir0104  -d/opt/linuxsir/
sir01-s  /sbin/nologin sir01
[root@cuc03 ~] # adduser-g sir02-G sir0104  -d/opt/linuxsir/
sir02-s  /sbin/nologin sir02
```

```
[root@cuc03 ~] # adduser-g sir03-G sir0104  -d/opt/linuxsir/
sir03-s  /sbin/nologin sir03
[root@cuc03 ~] # adduser-g sir04-G sir0104  -d/opt/linuxsir/
sir04-s  /sbin/nologin sir04
[root@cuc03 ~] # adduser-g linuxsir-d /opt/linuxsi-G linuxsir,
sir01, sir02, sir03, sir04, sir0104-d  /opt/linuxsi-s  /sbin/
nologin linuxsir
```

当然我们还得学会查看用户信息的工具用法，比如：用 finger 和 id 来查看用户信息，主要是看用户是否添加正确，比如：

```
[root@localhost ~] # id linuxsir
[root@localhost ~] # finger linuxsir
```

（3）添加 samba 用户，并设置密码。我们用的方法是先添加用户，但添加的这些用户都是虚拟用户，因为这些用户是不能通过 SHELL 登录系统的；另外值得注意的是系统用户密码和 Samba 用户的密码是不同的。如果您设置了系统用户能登入 SHELL，可以设置用户的 Samba 密码和系统用户通过 SHELL 登录的密码不同。

我们通过 smbpasswd 来添加 Samba 用户，并设置密码。原理是通过

读取/etc/passwd 文件中存在的用户名。

[root@localhost sir01] # smbpasswd-a linuxsir

New SMB password：在这里添加 Samba 用户 linuxsir 的密码。

Retype new SMB password：再输入一次。

用同样的方法来添加 sir01、sir02、sir03、sir04 的密码。

（4）配置相关目录的权限和归属。

```
[root@cuc03 ~]# chmod 755 /opt/linux
[root@cuc03 ~]# chown   linuxsir:linuxsir /opt/linuxsir
```

```
[root@cuc03 ~]# cd /opt/linuxsir
[root@cuc03 ~]# chmod 2770 sir0 *

[root@cuc03 ~]# chown sir01.linuxsir sir01

[root@cuc03 ~]# chown sir02.linuxsir sir02

[root@cuc03 ~]# chown sir03.linuxsir sir03

[root@cuc03 ~]# chown sir04.linuxsir sir04

[root@cuc03 ~]# chown linuxsir.sir0104 sir0104rw

[root@cuc03 ~]# chown linuxsir.linuxsir sirshare
[root@cuc03 ~]# chmod 755 sirshare

[root@cuc03 ~]# chown linuxsir:linuxsir sirallrw
[root@cuc03 ~]# chmod 3777 sirallrw
```

4. 修改 Samba 配置文件 smb.conf

配置文件如下,修改/etc/samba/smb.conf 后,不要忘记重启 smbd 和 nmbd 服务器。

```
[global]
workgroup = LINUXSIR
netbios name = LinuxSir
server string = Linux Samba    Test Server
security = share


[linuxsir]
```

```
        comment = linuxsiradmin
        path = /opt/linuxsir/
        create mask =   0664
```

#create mask 是用户创建文件时的权限掩码,对用户可读可写,对用户组可读可写,对其他用户可读。

```
directory mask = 0775
```

#directory mask 是用来设置用户创建目录时的权限掩码,意思是对于用户和用户组可读可写,对其他用户可读可执行。

```
        writeable = yes
        valid users = linuxsir
        browseable = yes


[sirshare]
        path = /opt/linuxsir/sirshare
        writeable = yes
        browseable = yes
```

```
        guest ok = yes


[sirallrw]
        path = /opt/linuxsir/sirallrw
        writeable = yes
        browseable = yes
        guest ok = yes


[sir0104rw]
comment = sir0104rw
        path = /opt/linuxsir/sir0104rw
create mask =   0664
        directory mask = 0775
        writeable = yes
        valid users = linuxsir，@sir0104
```

@sir0104 是用户组。

```
        browseable = yes


[sir01]
        comment = sir01
        path = /opt/linuxsir/sir01
create mask =   0664
        directory mask = 0775
        writeable = yes
        valid users = sir01，@linuxsir
        browseable = yes


[sir02]
```

```
                comment ＝ sir02
                path ＝ /opt/linuxsir/sir02
create mask ＝  0664
                directory mask ＝ 0775
                writeable ＝ yes
                valid users ＝ sir02，@linuxsir
                browseable ＝ yes


［sir03］
                comment ＝ sir03
                path ＝ /opt/linuxsir/sir03
create mask ＝  0664
                directory mask ＝ 0775
                writeable ＝ yes
                valid users ＝ sir03，@linuxsir
                browseable ＝ yes


［sir04］
                comment ＝ sir04
                path ＝ /opt/linuxsir/sir04
create mask ＝  0664
                directory mask ＝ 0775
                writeable ＝ yes
                valid users ＝ sir04，@linuxsir
                browseable ＝ yes
```

3.7　Web 服务器软件组合 LAMP

3.7.1　Apache 服务器

LAMP 指的 Linux（操作系统）、Apache HTTP 服务器，MySQL（有时也指 MariaDB，数据库软件）和 PHP（有时也是指 Perl 或 Python）的第一个字母，用来建立 web 应用平台。Linux＋Apache＋Mysql/MariaDB＋Perl/PHP/Python 的组合常用来搭建动态网站或者服务器，它们本身都是各自独立的程序，但是因为常被放在一起使用，拥有了越来越高的兼容度，共同组成了一个强大的 Web 应用程序平台。随着开源潮流的蓬勃发展，开放源代码的 LAMP 已经与 JavaEE 和微软的．Net 商业软件形成三足鼎立之势，并且该软件开发的项目在软件方面的投资成本较低，因此受到整个 IT 界的关注。曾经有统计表明，从网站的流量上来说，70％以上的访问流量是 LAMP 来提供的，LAMP 是最强大的网站解决方案。

举例来说，Wikipedia，免费自由的百科全书，运行的一系列软件具有 LAMP 环境一样的特点。Wikipedia 使用 MediaWiki 软件，主要在 Linux 下开发，由 Apache HTTP 服务器提供内容，在 MySQL 数据库中存储内容，PHP 来实现程序逻辑。

（1）查看 httpd 包是否可用。

yum list ｜ grep httpd

（2）安装 Apache。

yum install httpd

（3）配置 servername。

vi /etc/httpd/conf/httpd. conf

修改这行：ServerName localhost：80

（4）启动。

systemctl start httpd

如果启动失败请注意错误信息，一般来说新安装的软件都会启动成功。我当时启动失败后是用 ps-aux｜grep httpd 命令发现进程被占用，所以 kill-9 进程号把 httpd 的进程杀干净再启动就 OK 了。

（5）设置开机启动。

chkconfig httpd on

3.7.2　MySQL/MarieDB

MySQL 是一种快速易用的 RDBMS，很多企业（不分规模大小）都在使用它来构建自己的数据库。MySQL 由一家瑞典公司 MySQL AB 开发、运营并予以支持。MySQL 的创始人是 Michael Widenius，在 MySQL 取得了巨大的成功之后，他以 10 亿美元的价格，将自己创建的公司 MySQL AB 卖给了 SUN，此后，随着 SUN 被甲骨文收购，MySQL 的所有权也落入 Oracle 的手中。不过 Michael Widenius 太喜欢编程了，他随后又开发另一个开源的数据库软件，取名 MariaDB。大家也终于清楚，MySQL 中的"My"并不是"我的"意思，而是他的大女儿的名字，而 Maria 是他的二女儿。MySQL 的安装过程大致如下：

（1）安装 MySQL 源。

yum localinstall http://dev. mysql. com/get/mysql57-community-release-el7V7.noarch.rpm

（2）安装 MySQL。

yum install mysql-community-server

（3）启动 MySQL。

systemctl start mysqld

（4）获取密码。

grep 'temporary password' /var/log/mysqld.log

得到这行 A temporary password is generated for root@localhost：Jqqskhz1Wr(？冒号后面的就是密码。

（5）进入 MySQL。

mysql-uroot-p

（6）修改密码。

ALTER USER 'root'@'localhost' IDENTIFIED BY ＊＊＊＊＊＊＊＊＊＊（密码请用引号包起来 注意 MySQL 的密码必须复杂 不复杂会报错）

（7）开放远程访问权限。

use mysql；

update user set host = '％' where user = 'root'；

百分号相当于 ＊ 号，意为全部放行，也可改为 IP 地址则只允许此 IP 连接，也可以设置为 192.168.％.％或者 192.168.0.1/9 代表允许一个 ip 段进行连接，也可以多加几条数据设置不同 ip 允许连接。

（8）MySQL 权限管理。

create user 'myqiutian'@'％' IDENTIFIED BY '＊＊＊＊＊＊＊＊＊＊'；创建一个用户为 myqiutian，因为用的 ％ 所以任何 IP 都可以登录，但登录后却无法看到数据库，新增用户所有权限默认关闭。

也可以用这一行：

grant all on ＊.＊ to myqiutian；设置该用户所有数据库所有表拥有所有权限

grant select on A 数据库.＊ to myqiutian；

授权 myqiutian 这个用户可以查看 A 数据库里的所有表，但是仅限于 A 数据库，也仅限于查看。

grant insert on A 数据库. user to myqiutian；

授权 myqiutian 这个用户可以对 A 数据库里的 user 表进行 insert 操作，但仅限于 user 表，也仅限于 select 和 insert 操作。

撤销权限：

revoke insert on A 数据库. user from myqiutian；

注意：撤销权限之前最好用 show grants for myqiutian；这条 sql 查一下该用户有哪些权限，增加的什么权限就撤什么权限，你增加的 insert 就不能撤销 all。

MySQL 权限工作流程：

----------------------->用户连接 MySQL

----------------------->查询 user 表 核对账号密码 检查 host 字段 是否允许你的 ip 进行连接

----------------------->查询 user 表 其他权限字段 值若为 Y 代表用户对所有数据库所有表所有字段都拥有该权限 若有值为 N 则往下走

----------------------->查询 db 表 库权限控制表 获取该用户对哪些库拥有哪些权限 这张表里一条记录代表一个库

----------------------->查询 tables_priv 表 获取该用户的表控制权限 同样 如果 db 表中该用户对 A 数据库拥有 insert 权限 那么不管 tables_priv 表中如何设置 都不会影响该用户的 isnert 权限，如果 tables_priv 表中的单表权限不为 all，则继续往下走

----------------------->查询 columns_priv 表 字段控制 可以设置对表字段的控制权限

四个表依次为 user db tables_priv columns_priv

注意：

如果 user 表中全为 Y，那么不会查询下面的表。

user 表中的 select 为 N 时，可以在 db 表中指定哪些库可以被用户看到。

但是无论是表控制还是字段控制，上级权限表（user 表除外）的 select 字段必须为 Y。

而其他权限如果上级表给出了设置，那么不会采用下级表的设置。

（9）刷新权限立即生效。

flush privileges，配置文件 cat /etc/my.cnf 可以查看存储的数据与 log 的位置。

由于 linux 的 yum 源不存在 php7.x，所以要更改 yum 源。

rpm-Uvh https://dl.fedoraproject.org/pub/epel/epel-release-latest-7.

noarch.rpm

rpm-Uvh https://mirror.webtatic.com/yum/el7/webtatic-release.rpm

yum 安装 php72w 和各种拓展，选自己需要的即可。

yum-y install php72w php72w-cli php72w-common php72w-devel php72w-embedded php72w-fpm php72w-gd php72w-mbstring php72w-mysqlnd php72w-opcache php72w-pdo php72w-xml

安装完成后，需要重启 apache 才能生效。

service httpd restart

新建测试

echo "<? php phpinfo ()；? >" > /var/www/html/index. php

浏览器输入 XXXXXX/index. php 查看配置状况。

3.7.3　PHP

PHP 是一种嵌入在 HTML 并由服务器解释的脚本语言。它可以用于管理动态内容、支持数据库、处理会话跟踪，甚至构建整个电子商务站点。它支持许多流行的数据库，包括 MySQL、PostgreSQL、Oracle、Sybase、Informix 和 Microsoft SQL Server。Rasmus Lerdorf 在 1994 年发布了 PHP 的第一个版本。从那时起它就飞速发展，并在原始发行版上经过无数的改进和完善现在已经发展到版本 7.1.24（2018 年 11 月）。

虽然可以通过简单的"yum install"来安装 php。但由于 web 应用程序经常需要扩充某些特性，最好是能够从源码编译安装 PHP，这样在使用过程中可以避免很多不必要的错误。PHP 下载地址：http://www.php.net/downloade.php 在这里挑选你想用的版本即可。下载源码包后，解压至本地任意目录（保证读写权限），留待使用。安装 PHP 前，需要安装编译环境和 PHP 的相关依赖。

（1）将 php 源码包上传到主机上，或者通过 wget 在线下载也可以。目前官网上提供.bz2,.gz,.xz 三种压缩格式的文件，按照自己的喜好下载即可。

（2）解压，如下载.gz 格式的包。

tar-zxvf php-7.x.x.tar.gz

（3）进入解压包安装一些必要的依赖。

yum-y install libjpeg libjpeg-devel libpng libpng-devel freetype freetype-devel libxml2 libxml2-devel zlib zlib-devel curl curl-devel openssl openssl-devel

（4）安装 gcc。

yum install gcc

（5）安装。

yum-y install libxslt-devel *

yum-y install perl *

yum-y install httpd-devel

find/-name apxs 得到的路径是：/usr/bin/apxs

于是得到--with-apsx2 的路径是/usr/bin/apxs

（6）配置。

. /configure--prefix ＝/usr/local/php7--with-curl--with-freetype-dir--with-gd--with-gettext--with-iconv-dir--with-kerberos--with-libdir ＝ lib64--with-libxml-dir--with-mysqli--with-openssl--with-pcre-regex--with-pdo-mysql--with-pdo-sqlite--with-pear--with-png-dir--with-xmlrpc--with-xsl--with-zlib--enable-fpm--enable-bcmath-enable-inline-optimization--enable-gd-native-ttf--enable-mbregex--enable-mbstring--enable-opcache--enable-pc-ntl--enable-shmop--enable-soap--enable-sockets--enable-sysvsem--enable-xml--enable-zip--enable-pcntl--with-curl--with-fpm-user ＝ nginx--enable-ftp--enable-session--enable-xml--with-apxs2＝/usr/bin/apxs

（7）编译。

make

（8）编译若出现错误，大都是因为缺少一些依赖包造成。例如：

configure：error：xslt-config not found. Please reinstall the libxslt ＞＝ 1.1.0 distribution

解决方法：yum-y install libxslt-devel

configure：error：Could not find net-snmp-config binary. Please check your net-snmp installation.

解决方法：yum-y install net-snmp-devel

configure：error：Please reinstall readline-I cannot find readline. h

解决方法：yum-y install readline-devel

configure：error：Cannot find pspell

解决方法：yum-y install aspell-devel

checking for unixODBC support… configure：error：ODBC header file'/usr/include/sqlext. h'not found！

解决方法：yum-y install unixODBC-devel

configure：error：Unable to detect ICU prefix or /usr/bin/icu-config failed. Please verify ICU install prefix and make sure icu-config works.

解决方法：yum-y install libicu-devel

configure：error：utf8mime2text（ ） has new signature，but U8TCANONICAL is missing. This should not happen. Check config. log for additional information.

解决方法：yum-y install libc-client-devel

configure：error：freetype. h not found.

解决方法：yum-y install freetype-devel

configure：error：xpm. h not found.

解决方法：yum-y install libXpm-devel

configure：error：png. h not found.

解决方法：yum-y install libpng-devel

configure：error：vpx _ codec. h not found.

解决方法：yum-y install libvpx-devel

（9）编译检查。

make test

（10）安装。

make install

（11）添加环境变量。

vi /etc/profile

在末尾加入：

PATH＝$PATH：/usr/local/php7/bin

export PATH

（12）使改动立即生效。

source /etc/profile

（13）查看 php 版本。

php-v

（如果有问题请检查添加的环境变量是否是 PHP 安装目录里的 bin 目录）

（14）生成必要文件。

cp php.ini-production/usr/local/php7/etc/php.ini

cp sapi/fpm/php－fpm/usr/local/php7/etc/php-fpm

cp/usr/local/php7/etc/php-fpm. conf. default /usr/local/php7/etc/php-fpm.conf

cp/usr/local/php7/etc/php-fpm.d/www.conf.default /usr/local/php7/etc/php-fpm.d/www.conf

（15）配置。

如果报错 请敲这行查报错信息可以查到哪个文件第几行出错：

systemctl status httpd.service

修改 Apache 默认欢迎页：

vi/etc/httpd/conf.d/welcome.conf

将/usr/share/httpd/noindex 修改为/var/www

修改 Apache 配置：

vi/etc/httpd/conf/httpd.conf

DocumentRoot "/var/www/"

（请注意，/var/www 这个路径是自定义，在配置文件中有好几处这个路径，如果更改，请全局搜索一下都改掉）

找到

> AddType application/x-compress .Z
>
> AddType application/x-gzip .gz .tgz

在后面添加

> AddType application/x-httpd-php.php
>
> AddType application/x-httpd-php-source.php7

搜索<IfModule dir_module>下面这一块添加上 index.php

> <IfModule dir_module>
>
> DirectoryIndex index.html index.php
>
> </IfModule>

搜索有没有下面这一行：

LoadModule php7_module modules/libphp7.so

如果没有，请手动添加。否则，会出现运行 php 文件变成下载。

在最下面配置域名

<VirtualHost ＊ :80>

DocumentRoot /var/www

ServerName www.你的域名. com

ServerAlias 你的域名. com

<Directory /phpstudy/www>

Options ＋Indexes ＋FollowSymLinks ＋ExecCGI

AllowOverride All

Order Deny,Allow

Allow from all

</Directory>

</VirtualHost>

（16）测试。

在 www 目录下创建 index.php

添加<？ php phpinfo（）;？ >

访问：www. 你的域名.com

3.7.4　Apache 的竞争者 Nginx

Nginx（"engine x"）是一个高性能的 HTTP 和反向代理服务器，也是一个 IMAP/POP3/SMTP 代理服务器。具有以下几个特性。

（1）热部署。在 master 管理进程与 worker 工作进程的分离设计，使的 Nginx 具有热部署的功能，那么在 7×24 小时不间断服务的前提下，升级 Nginx 的可执行文件。也可以在不停止服务的情况下修改配置文件，更换日志文件等功能。

（2）可以高并发连接。理论上，Nginx 支持的并发连接上限取决于你的内存，10 万远未封顶。

（3）内存消耗低。在一般的情况下，10000 个非活跃的 HTTP Keep-Alive 连接在 Nginx 中仅消耗 2.5M 的内存，这也是 Nginx 支持高并发连接的基础。

（4）处理响应请求快。在正常的情况下，单次请求会得到更快的响应。在高峰期，Nginx 可以比其他的 Web 服务器更快的响应请求。

（5）具有很高的可靠性。高可靠性来自其核心框架代码的优秀设计、模块设计的简单性；并且这些模块都非常的稳定。

1．yum 安装

yum install-y nginx

启动 nginx 服务：

service nginx start

测试 nginx 服务：

wget http://127.0.0.1

若结果如下，说明 nginx 服务正常。

```
[root@VM_195_14_centos ~]# wget http://127.0.0.1
--2017-05-11 20:32:34--  http://127.0.0.1/
Connecting to 127.0.0.1:80...connected.
HTTP request sent，awaiting response...200 OK
Length:3700 (3.6K) [text/html]
Saving to:'index.html'


100%[=============================
====================>] 3,700

   --.-K/s    in 0s

2017-05-11 20:32:34 (632 MB/s)-'index.html' saved [3700/3700]
```

在浏览器中，访问通过 CentOS 云服务器公网 IP 查看 nginx 服务是否正常运行。

2. nginx 服务器命令

启动 nginx：service nginx start

访问(nginx 默认是 80 端口)：curl 127.0.0.1

nginx 配置文件目录：nginx-t

重启 nginx：service nginx restart

停用 nginx：service nginx stop

3. Linux Nginx ssl 证书部署

目前主流的云服务提供商都提供证书服务，可以从云服务厂商处申请免费的 SSL 证书，也可以到 letsencrypt. org 网站申请免费证书。申请完了后下载证书然后可以利用上面说的 Filezilla 上传到服务器上，参考这里的文档 Nginx 证书部署。

下载解压证书，Nginx 文件夹内获得 SSL 证书文件 1_www.domain.

com_bundle.crt 和私钥文件 2_www.domain.com.key。

1_www.domain.com_bundle.crt 文件包括两段证书代码 "----BEGIN CERTIFICATE----"和"----END CERTIFICATE----"。

2_www.domain.com.key 文件包括一段私钥代码"----BEGIN RSA PRIVATE KEY----"和"----END RSA PRIVATE KEY----"。

将域名 www.domain.com 的证书文件 1_www.domain.com_bundle.crt、私钥文件 2_www.domain.com.key 保存到同一个目录,例如/usr/share/nginx/conf 目录下。

更新 Nginx 根目录下 conf/nginx.conf 文件。

这里重点说说更新 nginx.conf 文件,如果不知道或不确定 nginx.conf 的位置,可以使用 nginx-t 命令来查找 nginx 配置文件,并使用 vi 命令修改该配置文件,如下:

```
[root@study_centos]# nginx-t
nginx:the configuration file /etc/nginx/nginx.conf syntax is ok
nginx:configuration file /etc/nginx/nginx.conf test is successful
```

打开 vim 修改 nginx.conf 文件:

```
vim /etc/nginx/nginx.conf
```

主要修改 server:

```
server {
    listen 443;
    server_name www.domain.com;  #填写绑定证书的域名
    ssl on;
    ssl_certificate /usr/share/nginx/conf/1_www.domain.com_bundle.crt;
    ssl_certificate_key /usr/share/nginx/conf/2_www.domain.com.key;
```

> ssl_session_timeout5m;
> ssl_protocols TLSv1 TLSv1.1 TLSv1.2；#按照这个协议配置
> ssl_ciphers ECDHE-RSA-AES128－GCM－SHA256：HIGH：！
> aNULL：！MD5：！RC4：！DHE；#按照这个套件配置
> ssl_prefer_server_ciphers on;
> #其他不修改…}

配置完成后，正确无误的话，重启 nginx。就可以使 https：//www.domain.com 来访问了。

注：（配置关键字段）

配置文件参数说明	
listen 443SSL	访问端口号为 443
ssl on	启用 SSL 功能
ssl_certificate	证书文件
ssl_certificate_key	私钥文件
ssl_protocols	使用的协议
ssl_ciphers	配置加密套件，写法遵循 openssl 标准

3.8 MEAN 全栈开发环境

3.8.1 源码编译安装 node.js

我们将会尝试建立一个 vue.js＋node.js 全栈开发的交流社区，自然这个站点会基于 node.js 构建后端（vue.js 是用来替代比较复杂也比较难学的 angular 的，后面章节将会谈及）。

Linux 下 node 有多种安装方式，这里我们手工安装官方最新版本。

1. 安装编译环境

我们的 CentOS 版本是 7.5，安装前先安装编译环境，如 gcc 编译器：

yum install-y gcc gcc-c＋＋ openssl-devel

然后执行 gcc-v 运行正常：

gcc version 4.8.5 20150623 (Red Hat 4.8.5-11) (GCC)

2. 检查和核对 Python 版本

Node.js 环境需要 Python2.6 以上，我们需要检查，如果不是则需要安装和升级最新版 Python。

python

退出 python 命令行使用 exit () 命令或者按 "Ctrl＋D" 快捷键。

3. 安装最新版本 Node.js

通过 nodejs.org 官网下载 node 到/usr/local/src 文件夹下进行安装：

cd/usr/local/src

下载：

wget http://nodejs.org/dist/node-latest.tar.gz

解压：

tar-zxvf node-latest.tar.gz

进入当前版本进行编译，先通过 ls 查询解压的文件夹名：

[root@study_centos src]# ls

node-latest.tar.gz node-v7.10.0

然后进入 node-v7.10.0 文件夹进行安装：

cd node-v7.10.0

./configure

make && make install

然后检查 node 是否正确安装：

node-v

如果正确打印出版本则正确安装。

Linux node 服务 nginx 配置

前面我们已经正确下载了 node 环境，这里我们写一个简单的 node 程序开启一个 node 服务。

使用 vim /var/www/index.js 在/var/www 文件夹下建立一个 index.js，起一个最简单的服务。

```
const http = require('http');
const server = http.createServer((req, res) => {
  res.statusCode = 200;
  res.setHeader('Content-Type', 'text/plain');
  res.end('Hello World\n');
});
server.listen(3000, () => {
  console.log('node server is now running');
});
```

nodejs 默认端口是 3000，需要配置 nginx 反向代理到 nodejs 的 3000 端口。

```
server {
    listen          443;
    server_name     www.domain.com;
    ssl on;
    ssl_certificate /usr/share/nginx/conf/1_www.vuenode.com_
bundle.crt;
    ssl_certificate_key /usr/share/nginx/conf/2_www.vuenode.
com.key;
    ssl_session_timeout5m;
    ssl_protocols TLSv1 TLSv1.1 TLSv1.2;
    ssl_ciphers ECDHE-RSA-AES128-GCM-SHA256:HIGH:!
aNULL:!MD5:!RC4:!DHE;
    ssl_prefer_server_ciphers on;

    location / {
        proxy_pass http://127.0.0.1:3000;
        proxy_http_version 1.1;
        proxy_set_header Upgrade $http_upgrade;
```

```
        proxy_set_header Connection 'upgrade';
        proxy_set_header Host $host;
        proxy_cache_bypass $http_upgrade;
    }
}
```

然后重启 nginx 及打开 node 服务：

```
service nginx restart
node/var/www/index
```

我们打开浏览器，输入地址页面会出现 hello world，至此我们的 node 服务已经搭建完成。这里需要说明一下的是，在这个例子中，node 并没有提供 https 模块，我们在构建 node 服务的时候仅使用了 http 模块，然后 nginx 反向代理，来使用 https 模块，服务器内部使用 http 模块即可。

3.8.2　安装 MongDB 数据库

MongoDB 提供了 linux 各发行版本 64 位的安装包，你可以在官网下载安装包。

下载地址：https://www.mongodb.com/download-center#community

安装：

进入/usr/local/src 目录下载 mongodb 安装包，并解压 tgz（以下演示的是 64 位 Linux 上的安装）：

cd/usr/local/src

#下载

wget https://fastdl.mongodb.org/linux/mongodb-linux-x86_64-3.4. 4.tgz

♯解压

tar-zxvf mongodb-linux-x86_64-3.4.4.tgz

♯修改目录

mv mongodb-linux-x86_64-3.4.4.tgz mongodb

创建数据库目录：

进入 mongodb 目录，建立一个 data 文件夹，然后建立 db 和 logs 文件夹。

配置 mongod 命令：

MongoDB 的可执行文件位于 bin 目录下，所以可以将其添加到 PATH 路径中：

```
export PATH=<mongodb-install-directory>/bin：$PATH
```

<mongodb-install-directory>为 MongoDB 的安装路径，例如本文设置的路径地址：

```
export PATH=/usr/local/src/mongodb/bin：$PATH
```

输入 mongod 验证 mongod 命令是否生效，这也是运行 MongoDB 服务。

3.8.3　安装 Express

express.js 是 nodejs 的一个 MVC 开发框架，并且支持 jade 等多种模板。

首先假定你已经安装了 Node.js，接下来为你的应用创建一个目录，然后进入此目录并将其作为当前工作目录。

```
$ mkdir myapp
$ cd myapp
```

通过 npm init 命令为你的应用创建一个 package.json 文件。欲了解 package.json 是如何起作用的，请参考 Specifics of npm's package.json handling.

```
$ npm init
```

此命令将要求你输入几个参数，例如此应用的名称和版本。你可以直接按"回车"键接受大部分默认设置即可，下面这个除外：

```
entry point：（index.js）
```

输入 app.js 或者你所希望的名称，这是当前应用的入口文件。如果你希望采用默认的 index.js 文件名，只需按"回车"键即可。

接下来在 myapp 目录下安装 Express 并将其保存到依赖列表中。如下：

```
$ npm install express--save
```

如果只是临时安装 Express，不想将它添加到依赖列表中，可执行如下命令：

```
$ npm install express--no-save
```

3.8.4　安装 Vue.js

Vue.js 是用于构建交互式的 Web 界面的库。

Vue.js 提供了 MVVM 数据绑定和一个可组合的组件系统，具有简单、灵活的 API。

1. Vue.js 特点

简洁：HTML 模板＋JSON 数据，再创建一个 Vue 实例，就这么简单。

数据驱动：自动追踪依赖的模板表达式和计算属性。

组件化：用解耦、可复用的组件来构造界面。

轻量：～24kb min＋gzip，无依赖。

快速：精确有效的异步批量 DOM 更新。

模块友好：通过 NPM 或 Bower 安装，无缝融入你的工作流。

2. Vue.js 安装

独立版本

直接下载并用 ＜script＞ 标签引入，Vue 会被注册为一个全局变量。

Vue.js 官网下载地址：http://vuejs.org/guide/installation.html

我们可以在官网上直接下载生产版本应用在我们项目中。

NPM 安装

在用 Vue.js 构建大型应用时推荐使用 NPM 安装：

```
♯ 最新稳定版本
$ npm install vue
♯ 最新稳定 CSP 兼容版本
$ npm install vue@csp
♯ 开发版本（直接从 GitHub 安装）
```

```
$ npm install vuejs/vue♯dev
Bower 安装
♯ 最新稳定版本
$ bower install vue
```

3. 创建第一个 Vue 应用

接下来我们创建第一个 Vue 应用。

View 层-HTML 代码如下：

```
<div id="app">
{{ message }}
</div>
```

Model 层-JavaScript 代码如下（需放在指定的 HTML 元素之后）：

```
new Vue({
el:'#app', data：{
message:'Hello World! '
}
});
```

3.9 收集系统信息

3.9.1 系统进程

在学习如何配置系统之前，应该学习如何收集基本的系统信息。譬如，你应该知道如何找出关于空闲内存的数量、可用硬盘驱动器空间的数量，硬盘分区方案，以及正在运行进程的信息。

ps ax 命令显示一个当前系统进程的列表，该列表中包括其他用户拥有的进程。要显示进程以及它们的所有者，使用 ps aux 命令。该列表是一个静态列表；换一句话说，它是在你启用这项命令时正在运行的进程快照。如果你需要一个时刻更新的运行进程列表，使用下面描述的 top 命令。

ps 的输出会很长。要防止它快速从屏幕中滑过，你可以把它管道输出给 less 命令：

```
ps aux | less
```

你可以使用 ps 命令和 grep 命令的组合来查看某进程是否在运行。譬如，要判定 Emacs 是否在运行，使用下面这个命令：

```
ps ax | grep emacs
```

top 命令显示了当前正运行的进程以及关于它们的重要信息，包括它们的内存和 CPU 用量。该列表既是真实时间的也是互动的。以下提供了一个 top 的输出示例：

173

```
19:11:04   up  7:25,   9 users,   load average: 0.00, 0.05, 0.12
89 processes: 88 sleeping, 1 running, 0 zombie, 0 stopped
CPU states:  cpu      user     nice    system      irq    softirq
iowait    idle
          total  6.6%   0.0%   0.0%   0.0%    0.0%     0.0%
192.8%
          cpu00   6.7%   0.0%   0.1%   0.1%     0.0%
0.0%   92.8%
          cpu01   0.0%   0.0%   0.0%   0.0%     0.0%
0.0%   100.0%
Mem:  1028556k av,   241972k used,   786584k free,        0k
shrd,   37712k buff
       162316k active,                18076k inactive
Swap: 1020116k av,       0k used, 1020116k free
       99340k cached


PID USER     PRI  NI  SIZE  RSS SHARE STAT %CPU %
MEM    TIME CPU COMMAND
   1899 root      15   0 1772812M  4172 S      6.5  1.2 111:
20   0 X
6380 root      15   0  1144 1144    884 R      0.3   0.1
0:00   0 top
   1 root      15   0   488  488    432 S      0.0   0.0
0:05   1 init
   2 root      RT   0     0    0      0 SW      0.0   0.0
0:00   0 migration/0
   3 root      RT   0     0    0      0 SW      0.0   0.0
0:00   1 migration/1
   4 root      15   0     0    0      0 SW      0.0   0.0
0:00   0 keventd
```

```
       5 root       34  19      0      0       0 SWN   0.0  0.0
0:00   0 ksoftirqd/0
       6 root       34  19      0      0       0 SWN   0.0  0.0
0:00   1 ksoftirqd/1
       9 root       25   0      0      0       0 SW    0.0  0.0
0:00   0 bdflush
       7 root       15   0      0      0       0 SW    0.0  0.0
0:00   1 kswapd
       8 root       15   0      0      0       0 SW    0.0  0.0
0:00   1 kscand
      10 root       15   0      0      0       0 SW    0.0  0.0
0:01   1 kupdated
      11 root       25   0      0      0       0 SW    0.0  0.0
0:00   0 mdrecoveryd
```

如果要退出 top，按"Q"键。

可以和 top 一起使用的互动命令，如表 3.9.1 所示。

表 3.9.1 互动的 top 命令

命令	描述
[Space]	立即刷新显示
[h]	显示帮助屏幕
[k]	杀死某进程。你会被提示输入进程 ID 以及要发送给它的信号。
[n]	改变要显示的进程数量。你会被提示输入数量。
[u]	按用户排序。
[M]	按内存用量排序。
[P]	按 CPU 用量排序。

如果和 top 相比，你更喜欢使用图形化界面，可以使用 GNOME 系统监视器。如果要从桌面上启动它，选择面板上的"主菜单"→"系统工具"→"系统监视器"或在 X 窗口系统的 shell 提示下输入 gnome-system-monitor。然后选择"进程列表"标签，如图 3.9.1 所示。

GNOME 系统监视器允许你在正运行的进程列表中搜索进程，还可以

查看所有进程、拥有的进程或活跃的进程。

要了解更多关于某进程的情况，选择该进程，然后单击"更多信息"按钮。关于该进程的细节就会显示在窗口的底部。

要停止某进程，选择该进程，然后单击"结束进程"按钮。这有助于结束对用户输入已不再做出反应的进程。

要按指定列的信息来排序，单击该列的名称。信息被排序的那一列会用深灰色显示。

按照默认设置，GNOME 系统监控器不显示线程。要改变这个首选项，选择"编辑"→"首选项"，单击"进程列表"标签，然后选择"显示线程"选项。首选项还允许你配置更新间隔，每个进程默认显示的信息，以及系统监视器图表的颜色。

图 3.9.1　GNOME 系统监视器

3.9.2 内存用量

free 命令显示系统的物理内存和交换区的总量，以及已使用的、空闲的、共享的、在内核缓冲内的和被缓存的内存数量。

	total	used	free	shared	buffers
cached					
Mem：	256812	240668	16144	105176	50520
81848					
−/+ buffers/cache：		108300	148512		
Swap：	265032	780	264252		

free − m 命令显示的信息和前面相同，但是它以 MB 为单位，便于阅读。

	total	used	free	shared	buffers
cached					
Mem：	250	235	15	102	49
79					
−/+ buffers/cache：		105	145		
Swap：	258	0	258		

如果和 free 相比，你更喜欢使用图形化界面，可以使用 GNOME 系统监视器。要从桌面上启动它，选择面板上的"主菜单"→"系统工具"→"系统监视器"选项或在 X 窗口系统的 shell 提示下输入 gnome-system-monitor。然后选择"进程列表"标签，如图 3.9.2 所示。

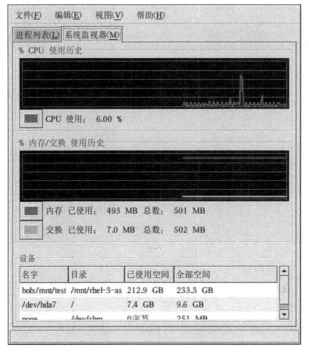

图 3.9.2　GNOME 系统监视器

3.9.3　文件系统

df 命令报告系统的磁盘空间用量。如果你在 shell 提示输入了 df 命令，它的输出与下面相似：

Filesystem	1k-blocks	Used	Available	Use%	Mounted on
/dev/hda2	10325716	2902060	6899140	30%	/
/dev/hda1	15554	8656	6095	59%	/boot
/dev/hda3	20722644	2664256	17005732	14%	/home
none	256796	0	256796	0%	/dev/shm

按照默认设置，该工具把分区大小显示为 1KB 的块，已用的和可用的磁盘空间以 KB 为单位显示。如果要查看以 MB 和 GB 为单位的信息，使用 df-h 命令，-h 选项代表可读格式，它的输出类似于：

Filesystem	Size	Used	Avail	Use%	Mounted on
/dev/hda	29.8GB	2.8GB	6.5GB	30%	/
/dev/hda	115MB	8.5MB	5.9MB	59%	/boot
/dev/hda	320GB	2.6GB	16GB	14%	/home
none	251MB	0	250MB	0%	/dev/shm

在分区列表中，有一项是 /dev/shm。该项目代表系统的虚拟内存文件系统。

du 命令显示被目录中的文件使用的估计空间数量。如果你在 shell 提示下键入了 du 命令，每个子目录的用量都会在列表中显示，当前目录和子目录的总和也会在列表的最后一行中被显示。如果你不想查看每个子目录的用量，使用 du-hs 命令来使用人可读的格式只列出目录用量总和。使用 du--help 命令来查看更多选项。

要查看图形化的系统分区和磁盘空间用量，使用「系统监视器」标签，如图 3.9.2 的底部所示。

3.9.4　硬件

如果你在配置硬件时遇到问题，或者只是想了解一下你的系统中有哪些硬件，你可以使用硬件浏览器程序来显示能被探测到的硬件。要在桌面环境下启动该程序，单击"主菜单"→"系统工具"→"硬件浏览器"按钮，或在 shell 提示下键入 hwbrowser（见图 3.9.3），它显示了光盘设备、软盘、硬盘驱动器和它们的分区、网络设备、指示设备、系统设备以及视频卡。单击左侧菜单上的类别名称，有关信息就会被显示。

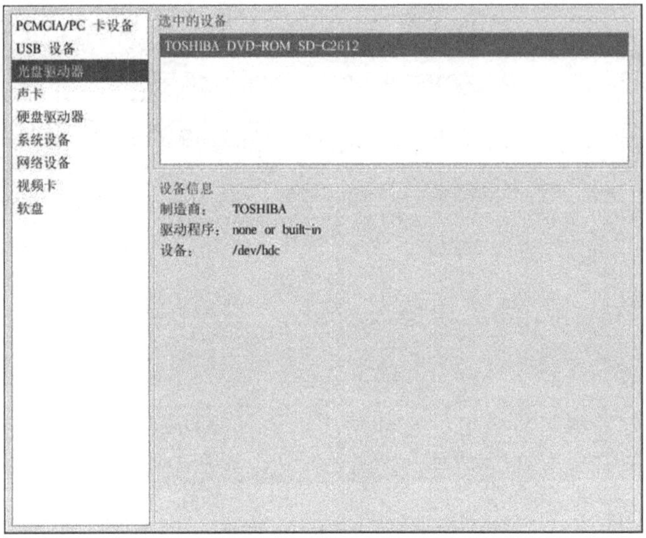

PCMCIA/PC 卡设备	选中的设备
USB 设备	TOSHIBA DVD-ROM SD-C2612
光盘驱动器	
声卡	
硬盘驱动器	
系统设备	
网络设备	
视频卡	
软盘	设备信息
	制造商:　　　TOSHIBA
	驱动程序:　　none or built-in
	设备:　　　　/dev/hdc

图 3.9.3　硬件浏览器

你还可以使用 lspci 命令来列举所有的 PCI 设备。使用 lspci-v 命令来获得详细的信息，或使用 lspci-vv 命令来获得更详细的输出。

譬如，lspci 命令可以被用来判定系统视频卡的制造厂商、型号以及内存大小：

01:00.0 VGA compatible controller:Matrox Graphics, Inc.MGA
G400 AGP (rev 04) \

(prog-if 00 [VGA])

Subsystem:Matrox Graphics,Inc.Millennium G400 Dual Head Max

Flags:medium devsel, IRQ 16

Memory at f4000000 (32-bit, prefetchable) [size=32M]

Memory at fcffc000 (32-bit, non-prefetchable) [size=16K]

Memory at fc000000 (32-bit, non-prefetchable) [size=8M]

Expansion ROM at 80000000[disabled] [size=64K]

Capabilities:[dc] Power Management version 2

Capabilities:[f0] AGP version 2.0

如果你不知道系统网卡的制造商或型号，lspci 可以帮助你来判定这些信息。

3.9.5 CentOS 7 新增管理工具

目前，Linux 的硬件报错机制还不完善，多数是由各种工具（mcelog 和 EDAC）造成，这些工具从不同源采用不同方法以及不同工具（比如：mcelog，edac-utils 和 syslog）收集出错信息，报告出错事件。

硬件报错问题可分为以下两个方面：

（1）收集各种数据，有时是重复数据的不同错误数据收集机制，以及在不同位置使用不同时间戳报告这些数据的不同工具，使其与事件关联变得困难。

（2）Red Hat Enterprise Linux 7.0 中的新硬件事件报告机制，也称 HERM 的目标是统一来自不同源的出错数据集合，并采用连续时间线和单一位置向用户控件报告出错事件。Red Hat Enterprise Linux 7.0 中的 HERM 引进了新的用户空间守护进程 rasdaemon，它可捕获并处理所有来自内核追踪架构的可依赖性、可用性及可服务性（RAS）出错事件，并记录它们。Red Hat Enterprise Linux 7.0 中的 HERM 还提供报告那些错误的工具，并可探测不同类型的错误，比如 burst 和 sparse 错误。

第 4 部分　虚拟化配置

4.1 Docker 容器技术

4.1.1 Docker 的历史与现状分析

在云计算发展的早期阶段，许多公司都在做一个称之为 PAAS（Platform as a Service）的平台，PAAS 平台的范围和内容包括：

（1）确定产品定位和需求，确定首次迭代的范围。

（2）制作界面原型。

（3）技术选型，然后根据技术选型为每个开发者搭建开发环境和技术栈，例如 Java 环境、Python 环境、Ruby 环境、数据库、中间件等。

（4）构建基础技术框架和服务，包括日志、存储、消息、缓存、搜索、数据源、集群扩展等。

（5）模拟用户容量，构建测试环境。

（6）开始编写真正的业务代码，实现产品功能。

（7）迭代开发/测试，生生不息，周而复始。

1. 老一代 PAAS 平台的局限性和困境

（1）主要提供应用的部署和托管。

（2）针对应用开发者。

（3）仅支持特定的 IaaS 基础技术。

（4）支持单种开发语言和框架。

（5）支持特定的服务，比如自定义的数据存储 APIs。

（6）没有很好地解决常用中间件的部署问题。

（7）难以解决应用和资源的隔离问题。

2. 新一代的 PAAS 平台

新一代的云应用平台技术则实现全方位的应用生命周期管理，关注开放性、应用的可移植性和云间相互操作性，而这些新特性的实现，都依赖于"容器"概念的提出。

那容器究竟是什么呢？通过图 4.1.1、图 4.1.2 的对比可以得出：传统的应用部署方式是通过插件或脚本来安装应用。这样做的缺点是应用的运行、配置、管理、所有生存周期将与当前操作系统绑定，这样做并不利于应用的升级更新、回滚等操作，当然也可以通过创建虚机的方式来实现某些功能，但是整台虚拟机非常重，并不利于可移植性。

新的方式是通过部署容器方式实现，每个容器之间互相隔离，每个容器有自己的文件系统，容器中的进程不会相互影响，能区分计算资源。相对于虚拟机，容器能快速部署。由于容器是与底层设施、机器文件系统解耦的，所以它能在不同版本操作系统间进行迁移。

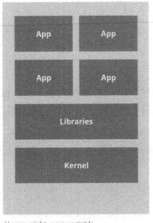
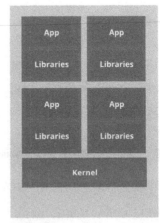

图 4.1.1　传统的应用部署方式　　图 4.1.2　新的应用部署方式

容器占用资源少、部署快，每个应用可以被打包成一个容器镜像，每个应用与容器间成一对一关系也使容器有更大优势，使用容器可以在 build 或 release 的阶段，为应用创建容器镜像，因为每个应用不需要与其余的应用堆栈组合，也不依赖于生产环境基础结构，这使得从研发到测试、生产能提供一致环境。类似地，容器比虚拟机轻量、更"透明"，这更便于监控和管理。

3. Docker 究竟是什么

Docker 也被称之为第三代 PASS 平台，Docker 公司不仅支持诸如 PHP、MySql 等传统技术框架，还包括 Node.js、MongoDB 等新兴技术。基于 Docker 提供的开发工具和技术框架，用户可以直接使用 Docker 的 SDK 编写代码和构建业务服务，并在联网的时候把这些代码推送到云端，实现自动部署和测试。

Docker 已经收购了一系列创业公司，包括 Kitematic、Tutum 和 SocketPlane。完成新一轮投资后，Docker 计划加快产品推进计划，在本季推出了 Docker Hub 企业版，并且未来会在存储、网络和安全三个产品方向发力。

红帽在 RHEL 7 版本中增添了支持 Docker 的功能，IBM 公开拥抱 Docker 和容器，亚马孙推出了 EC2 容器服务，就连公认的竞争对手 VM-ware 也宣布支持 Docker。

4.1.2　Docker 的技术原理介绍

Docker 就是虚拟化的一种轻量级替代技术。Docker 的容器技术不依赖任何语言、框架或系统，可以将 App 变成一种标准化的、可移植的、自管理的组件，并脱离服务器硬件在任何主流系统中开发、调试和运行。

简单地说就是在 Linux 系统上迅速创建一个容器（类似虚拟机）并在容器上部署和运行应用程序，并通过配置文件可以轻松实现应用程序的自动化安装、部署和升级，非常方便。因为使用了容器，可以很方便地把生产环境和开发环境分开，互不影响，这是 docker 最普遍的一个玩法。

1. 核心技术之 cgroups

Linux 系统中经常有个需求就是希望能限制某个或者某些进程的分配资源，于是就出现了 cgroups 的概念，cgroup 就是 controller groups，在这个 group 中，有分配好的特定比例的 cpu 时间、IO 时间、可用内存大小等。cgroups 是将任意进程进行分组化管理的 Linux 内核功能。最初由 google 的工程师提出，后来被整合进 Linux 内核中。

cgroups 中的重要概念是"子系统"，也就是资源控制器，每种子系统就是一个资源的分配器，比如 cpu 子系统是控制 cpu 时间分配的。首先挂载子系统，然后才有 control group 的。比如先挂载 memory 子系统，然后在 memory 子系统中创建一个 cgroup 节点，在这个节点中，将需要控制的进程 id 写入，并且将控制的属性写入，这就完成了内存的资源限制。

cgroups 被 Linux 内核支持，有得天独厚的性能优势，发展势头迅猛。在很多领域可以取代虚拟化技术分割资源。

cgroups 默认有诸多资源组，可以限制几乎所有服务器上的资源：cpu，mem，iops，iobandwide，net，device acess 等。

2. 核心技术之 LXC

LXC 是 Linux containers 的简称，是一种基于容器的操作系统层级的虚拟化技术。借助于 namespace 的隔离机制和 cgroup 限额功能，LXC 提供了一套统一的 API 和工具来建立和管理 container。LXC 跟其他操作系统层次的虚拟化技术相比，最大的优势在于 LXC 被整合进内核，不用单独为内核打补丁。

LXC 旨在提供一个共享 kernel 的 OS 级虚拟化方法，在执行时不用重复加载 Kernel，且 container 的 kernel 与 host 共享，因此可以大大加快 container 的启动过程，并显著减少内存消耗，容器在提供隔离的同时，还通过共享这些资源节省开销，这意味着容器比真正的虚拟化的开销要小得多。在实际测试中，基于 LXC 的虚拟化方法的 IO 和 CPU 性能几乎接近 baremetal 的性能。

虽然容器所使用的这种类型的隔离非常强大，然而是不是像运行在

hypervisor 上的虚拟机那么强壮仍具有争议性。如果内核停止，那么所有的容器就会停止运行。

（1）性能方面：LXC>>KVM>>XEN。

（2）内存利用率：LXC>>KVM>>XEN。

（3）隔离程度：XEN>>KVM>>LXC。

3. 核心技术之 AUFS

什么是 AUFS？AUFS 是一个能透明覆盖一个或多个现有文件系统的层状文件系统。支持将不同目录挂载到同一个虚拟文件系统下，可以把不同的目录联合在一起，组成一个单一的目录。这是一种虚拟的文件系统，文件系统不用格式化，直接挂载即可。

Docker 一直在用 AUFS 作为容器的文件系统。当一个进程需要修改一个文件时，AUFS 创建该文件的一个副本。AUFS 可以把多层合并成文件系统的单层表示。这个过程称为写入复制（copy on write）。

AUFS 允许 Docker 把某些镜像作为容器的基础。例如，你可能有一个可以作为不同容器基础的 CentOS 系统镜像。多亏 AUFS，只要一个 CentOS 镜像的副本就够了，这样既节省了存储和内存，也保证更快速地容器部署。

使用 AUFS 的另一个好处是 Docker 的版本容器镜像能力。每个新版本都是一个与之前版本的简单差异改动，有效地保持镜像文件最小化。但这也意味着你总是要有一个记录该容器从一个版本到另一个版本改动的审计跟踪。

4. Docker 原理之 App 打包

在 LXC 的基础上，Docker 额外提供的 Feature 包括：标准统一的打包部署运行方案。为了最大化重用 Image、加快运行速度、减少内存和磁盘 footprint，Docker container 运行时所构造的运行环境实际上是由具有依赖关系的多个 Layer 组成的。例如一个 apache 的运行环境可能是在基础的 rootfs image 的基础上，叠加了包含例如 Emacs 等各种工具的 image，再叠加包含 apache 及其相关依赖 library 的 image，这些 image 由 AUFS 文件系统加载合并到统一路径中，以只读的方式存在，最后再叠加加载一层可写的空白的 Layer 用作记录对当前运行环境所做的修改。

有了层级化的 Image 做基础，理想中，不同的 App 就可以既可能的共用底层文件系统，相关依赖工具等，同一个 App 的不同实例也可以实现共用绝大多数数据，进而以 copy on write 的形式维护自己的那一份修改过的数据等。

Docker 正在迅速改变云计算领域的运作规则，并彻底颠覆云技术的发展前景，从持续集成/持续交付到微服务、开源协作乃至 DevOps，Docker 一路走来，已经给应用程序开发生命周期以及云工程技术实践带来了巨大变革。

4.1.3　Docker 的基本概念

1. Docker 镜像 Image

（1）Docker Image 是一个极度精简版的 Linux 程序运行环境，比如没有 vi 这种基本的工具，官网的 Java 镜像包括的东西更少，除非是镜像叠加方式的，如 CentOS＋Java7。

（2）Docker Image 是需要定制化 Build 的一个"安装包"，包括基础镜像＋应用的二进制部署包。

（3）Docker Image 内不建议有运行期需要修改的配置文件。

（4）Dockerfile 用来创建一个自定义的 image，包含了用户指定的软件依赖等。

当前目录下包含 Dockerfile，使用命令 build 来创建新的 image。

（5）Docker Image 的最佳实践之一是尽量重用和使用网上公开的基础镜像。

2. Docker 容器 Container

（1）Docker Container 是 Image 的实例，共享内核。

（2）Docker Container 里可以运行不同 Os 的 Image，比如 Ubuntu 的

或者 Centos。

（3）Docker Container 不建议内部开启一个 SSHD 服务，1.3 版本后新增 docker exec 命令进入容器排查问题。

（4）Docker Container 没有 IP 地址，通常不会有服务端口暴露，是一个封闭的"盒子/沙箱"。

3．Docker Daemon

（1）Docker Daemon 是创建和运行 Container 的 Linux 守护进程，也是 Docker 最主要的核心组件。

（2）Docker Daemon 可以理解为 Docker Container 的 Container。

（3）Docker Daemon 可以绑定本地端口并提供 Rest API 服务，用来远程访问和控制。

4．Docker Registry/Hub

Docker 之所以这么吸引人，除了它的新颖技术外，围绕官方 Registry（Docker Hub）的生态圈也是相当吸引人眼球的地方。在 Docker Hub 上你可以很轻松下载到大量已经容器化好的应用镜像，即拉即用。这些镜像中，有些是 Docker 官方维护的，更多的是众多开发者自发上传分享的。而且你还可以在 Docker Hub 中绑定你的代码托管系统（目前支持 Github 和 Bitbucket）配置自动生成镜像功能。这样，Docker Hub 会在代码更新时自动生成对应的 Docker 镜像。

4.1.4 Docker 的部署与安装

本文在 CentsOS 下安装 Docker。

1．安装前准备工作

（1）系统要求。在 CentOS 下需要 64 位的 CentsOS 7。

（2）需要删除非官方的 Docker Package。由于 Red Hat 操作系统包含了一个旧版本的 Dcoker，使用 docker 代替 docker－engine，如果想使用官方版本需要执行删除语句：

```
$ sudo yum remove docker \
          docker-client \
          docker-client-latest \
          docker-common \
          docker-latest \
          docker-latest-logrotate \
          docker-logrotate \
          docker-selinux \
          docker-engine-selinux \
          docker-engine
```

注意：如果在新装的系统中使用 sudo 提示：

用户名不在 sudoers 文件中。此事将被报告。

为了解释这个问题，先来说说 sudo。

sudo 命令可以让你以 root 身份执行命令，来完成一些我们这个账号完成不了的任务。其实并非所有用户都能够执行 sudo，因为有权限的用户都在/etc/sudoers 中。我们可以通过编辑器来打开/etc/sudoers，或者直接使用命令 visudo 来搞定这件事情。

打开 sudoers 后，像如下那样加上自己的账号保存后就可以了。

```
# User privilege specification
root     ALL=（ALL：ALL）ALL
study    ALL=（ALL：ALL）ALL
```

sudoers 的权限是 0440，即只有 root 才能读。在用 root 或 sudo 后强行保存（wq!）即可。

需要使用如下语句删除与官方包 docker-engine 可能有冲突的 docker-selinux

```
$ sudo yum -y remove docker-selinux
```

当使用 CentOS7 时，内核必须不小于 3.10（可以用 uname--r 命令来检查）。

2. 安装 Docker

安装 Docker 常用两种方式：

（1）使用官方推荐的方式，更容易进行安装和升级操作。

安装 yum-utils（包含 yum-config-manager 实用程序）、device-mapper-persistent-data 和 lvm2，这两个是运行 devicemapper 的时候需要的程序。

```
$ sudo yum install-y yum-utils \
device-mapper-persistent-data \
lvm2
```

使用如下的命令设置稳定版的 repository

```
$ sudo yum-config-manager \
--add-repo \
https：//docs. docker. com/engine/installation/linux/repo _ files
/centos/docker. repo
```

注意：在生产环境或非测试环境中，不要使用不稳定的版本仓库。如果同时拥有稳定的仓库和非稳定的仓库，在使用 yum install 或者 yum update 在没有指定特定版本的前提下，进行安装或升级操作，需要注意大多数情况下获取的是最高的版本，并且极有可能是不稳定的版本。

可以使用如下命令开启 edge 和 test 测试仓库

```
$ sudo yum-config-manager--enable docker-ce-edge
$ sudo yum-config-manager--disable docker-ce-test
```

如果需要禁止使用这些仓库，可以用 yum-config-manager 命令，加上 -disable 标志。

```
$ sudo yum-config-manager--disable docker-ce-edge
```

更新 yum

```
$ sudo yum makecache fast
```

安装最新版本或指定版本的 docker ce

可以使用如下命令安装最新版本的 docker ce

$ sudo yum-y install docker-ce

安装特定版本的 docker

可以使用如下命令列出所有的.x86_64 版本

$ yum list docker-engine.x86_64   --showduplicates|sort-r

docker-engine.x86_641.13.0-1.el7

ddocker-main

docker-engine.x86_641.12.5-1.el7

docker-main

docker-engine.x86_641.12.4-1.el7

docker-main

docker-engine.x86_641.12.3-1.el7

docker-main

…

安装特定版本的 dcoker：

```
$ sudo yum-y install docker-engine-<VERSION_STRING>
[root @ study package] # yum-y install docker-engine-1. 13. 1-1.
el7.centos
```

（2）使用 rpm 包的方式进行安装。

可以从 https://yum.dockerproject.org/repo/main/centos/中选择合适的 CentsOS 版本下载 rpm 包，注意 stable 和 testing。

安装 docker。

```
$ sudo yum-y install /path/to/package.rpm
```

使用这种方式可能需要手动处理依赖问题。

3. 启动 Docker

```
$ sudo systemctl start docker
```

可以运行 hello-world 镜像验证是否安装正确。

```
$ sudo docker run hello-world
```

4. 删除 Docker

（1）移除 docker。

```
$ sudo yum remove docker-ce
```

（2）删除 docker 相关目录文件（安装 docker 后在 /var/lib/docker 目录下包含 images，containers，volumes 和自定义的配置文件，这些文件必须手动删除）。

```
$ sudo rm-rf /var/lib/docker
```

4.2　Docker 基本命令

4.2.1　镜像有关的命令

docker 镜像代表了容器的文件系统里的内容，是容器的基础，镜像一般是通过 Dockerfile 生成的。docker 的镜像是分层的，所有的镜像（除了基础镜像）都是在之前镜像的基础上加上自己这层的内容生成的。每一层镜像的元数据都是存在 json 文件中的，除了静态的文件系统之外，还会包含动态的数据。

docker client 提供了各种命令和 daemon 交互，来完成各种任务，其中和镜像有关的命令有：

docker build 通过 dockerfile 生成镜像

docker images 查看当前本地有哪些 docker 镜像

docker run 通过 docker 镜像生成 docker 容器（docker help run 查看 run 命令）

docker ps 查看正在 up 运行中的 docker 镜像，docker ps-a 查看所有的

docker exec 进入容器

docker rm 删除容器，-f 强制删除，up 状态的也可以删除

docker stop 停止提一个容器

docker start 启动一个容器

docker tag 给镜像打标签（docker tag imageid name：tag）

docker rmi ＜image id＞删除 images，通过 image 的 id 来指定删除谁

1. docker 镜像的使用

当运行容器时，使用的镜像如果在本地中不存在，docker 就会自动从 docker 镜像仓库中下载，默认是从 Docker Hub 公共镜像源下载。下面我们来学习管理和使用本地 Docker 主机镜像以及创建镜像。

（1）列出镜像列表。我们可以使用 docker images 来列出本地主机上的镜像。

```
$ docker images
REPOSITORY        TAG          IMAGE ID         CREATED
SIZE
ubuntu            14.04        90d5884b1ee0     5 days ago
188 MB
php               5.6          f40e9e0f10c8     9 days ago
444.8 MB
nginx             latest       6f8d099c3adc     12 days
ago               182.7 MB
mysql             5.6          f2e8d6c772c0     3 weeks
ago               324.6 MB
httpd             latest       02ef73cf1bc0     3 weeks
ago               94.4 MB
ubuntu            15.10        4e3b13c8a266     4 weeks
ago               136.3 MB
```

输出中的各个选项说明：

REPOSITORY：表示镜像的仓库源

TAG：镜像的标签

IMAGE ID：镜像 ID

CREATED：镜像创建时间

SIZE：镜像大小

同一仓库源可以有多个 TAG，代表这个仓库源的不同个版本，如 ubuntu 仓库源里，有 15.10、14.04 等多个不同的版本，我们使用 REPOSITORY：TAG 来定义不同的镜像。所以，我们如果要使用版本为 15.10 的 ubuntu 系统镜像来运行容器时，命令如下：

```
$ docker run-t-i ubuntu:15.10 /bin/bash
root@d77ccb2e5cca:/#
```

如果要使用版本为 14.04 的 ubuntu 系统镜像来运行容器时，命令如下：

```
$ docker run-t-i ubuntu:14.04 /bin/bash
root@39e968165990:/#
```

如果你不指定一个镜像的版本标签，例如你只使用 ubuntu，docker 将默认使用 ubuntu：latest 镜像。

（2）获取一个新的镜像。当我们在本地主机上使用一个不存在的镜像时 Docker 就会自动下载这个镜像。如果想预先下载这个镜像，可以使用 docker pull 命令来下载它。下载完成后，可以直接使用这个镜像来运行容器。

（3）查找镜像。我们可从 Docker Hub 网站来搜索镜像，Docker Hub 网址为：https://hub.docker.com/。我们也可以使用 docker search 命令来搜索镜像。比如我们需要一个 httpd 的镜像来作为我们的 web 服务，可以通过 docker search 命令搜索 httpd 来寻找适合我们的镜像。

```
$ docker search httpd
NAME：镜像仓库源的名称
DESCRIPTION：镜像的描述
OFFICIAL：是否 docker 官方发布
```

（4）创建镜像。当从 docker 镜像仓库中下载的镜像不能满足我们的需求时，我们可以通过两种方式对镜像进行更改：①从已经创建的容器中更新镜像，并且提交这个镜像；②使用 Dockerfile 指令来创建一个新的镜像

我们使用命令 docker build，从零开始来创建一个新的镜像。为此，

我们需要创建一个 Dockerfile 文件，其中包含一组指令来告诉 Docker 如何构建我们的镜像。

2. 构建镜像的命令

dockerfile 是自动构建 docker 镜像的配置文件。

docker build 是用 Dockerfile 生成 docker 镜像，Dockerfile 中每个 ADD，生成一个 docker layer

```
# docker build-t study/centos:7.0
```

-t 给镜像取名字（Tag）

完整命令规则：docker build-t registry_url/namespace/imageName：version./path

（--如果没写 vestion 默认为 latest 最新的。如果 dockerfile 在当前目录下，只用就可以，否则加上 dockerfile 路径）

```
# docker run-it-d -p 2222：22--name base study/centos：7.0
```

-it 交互模式，前台启动

-d 后台启动，返回 id 号

-p 小 p，如果用 2222：22，重启后还是用指定端口映射，如果占用，则报错

-P 大 P，自动找无人使用的端口映射，如果服务器重启，就会随机用个别的端口映射

--name 给容器取个名字

study/centos：7.0 用哪个镜像启动容器，如果容器在本地不存在，则远程 pull，找不到则报错

```
(
Unable to find image 'study/centos7:7.1' locally
Pulling repository docker.io/csphere/centos7
docker：Error：image study/centos7:7.1 not found.
See 'docker run--help'.
)
```

docker exec-it website /bin/bash(

exec 进入容器

-it 表示交互模式

website 容器名称

/bin/bash 表示要执行的命令

docker help 中可以看出 attach 也可以进入容器中，但是有时会有卡死现象

exit 退出，container 还是处于 up 状态

容器是基于基础镜像生成的容器，所以具有 centos 的命令）

构建中间件镜像 mysql

进入 mysql

docker build-t study/mysql:5.4 .

生成镜像

docker images 查看当前本地镜像

启动 mysql 的 docker 容器

docker run-d-p 3306:3306--name dbserver study/mysql:5.4

返回 id 串,成功

docker ps

查看是否启动 container 成功

docker exec-it dbserver /bin/bash

进入 container

mysql

进入 db 里，可用 mysql 指令操作

show databases;

刚才启动，没有给环境变量，就是用户与密码，用的默认的

删除容器，再试一次。

docker rm 只能删除非 up 状态的

docker rm

启动容器

docker run-d-p 3306:3306-v host_dir:container_dir imageName

(host_dir:container_dir 用于宿主机与容器挂载,数据同步)

docker run-d-p 3306:3306-v/var/lib/docker/vfs/dir/mydata:/var/lib/mysql cephere/mysql:5.4(未设置--name 则自动生成一个 name)

通过 docke exec-it［docke 容器名称或 id 全或 id 前几位可区分即可］/bin/bash

这次创建 mysql 用户,然后删除容器,再次创建容器,指定到挂载目录,看数是否能将历史自动载入进来。

create database mydb;

show databases;

exit;

查看一下,docker 是否创建了指定的挂在目录。

ls/var/lib/docker/vfs/dir/mydata/

停掉容器 docker stop id

删除 mysql 容器,docker rm   id

再次查看,看挂载目录是否存在

ls/var/lib/docker/vfs/dir/mydata/

再次创建一个容器,指定到挂载的目录,确认数据是否能够回来

docker run-d-p 3306:3306--name newdb-v/var/lib/docker/vfs/dir/mydata:/var/lib/mysql fu/mysql:5.4

docker ps

docker exec-it newdb /bin/bash

mysql

show databases;

可以看到数据库还存在

创建应用

应用里加入一个 Dockerfile 和 init.sh

. dockerignore 文件,可以过滤掉,不须要 copy 的文件

show databases；

启动应用容器

docker run-d-p 80：80--name wordpress-e WORDPRESS_DB_HOST＝192.168.80.241-e WORDPRESS_DB_USER＝admin —e WORDPRESS_DB _PASSWORD＝studysecret study/wordpress：4.2

```
docker-compose up
```

【

如果 docker-compose--version 为无效指令，则须安装 docker-compose 组合

♯下载安装

curl-L https：//github.com/docker/compose/releases/download/1.1. 0/docker—compose-`uname-s`-`uname-m`＞/usr/local/bin/docker-compose

♯授权

chmod＋x/usr/local/bin/docker-compose

♯查版本号

docker-compose--version

♯当前目录构建组合镜像。须存在 docker-compose.yml 文件

docker-compose up-d

】

4.2.2 将容器变成镜像

Buildfile 语法和案例

镜像制作中的常见问题

```
docker commit ＜container＞［repo：tag］
```

当我们在制作自己的镜像的时候，会在 container 中安装一些工具、修改配置，如果不做 commit 保存起来，那么 container 停止以后再启动，这些更改就消失了。

```
docker commit ＜container＞［repo：tag］
```

这种做法的优点：

最方便、最快速

缺点：

不规范

无法自动化

一个 Java 镜像的 buildfile

```
FROM nimmis/ubuntu:14.04
MAINTAINER nimmis <kjell.havneskold@gmail.com>
# disable interactive functions
ENV DEBIAN_FRONTEND noninteractive
# set default java environment variable
ENV JAVA_HOME /usr/lib/jvm/java-8-openjdk-amd64
RUN apt-get install-y software-properties-common &&\
add-apt-repository ppa:openjdk-r/ppa-y && \
apt-get update && \
apt-get install-y-no-install-recommends openjdk-8-jre &&\
rm-rf /var/lib/apt/lists/ *
vi Dockerfile
docker build -t leader/java .
```

Build 过程案例分析

```
FROM nimmis/ubuntu:14.04
MAINTAINER nimmis <kjell.havneskold@gmail.com>
# disable interactive functions
ENV DEBIAN_FRONTEND noninteractive
RUN./hello.sh
# set default java environment variable
ENV JAVA_HOME /usr/lib/jvm/java-8-openjdk-amd64
RUN aptvget install-y software-properties-common && \
add-apt-repository ppa:openjdk-r/ppa-y && \
apt-get update && \
apt-get install-y-no-install-recommends openjdk-8-jre &&
\
rm-rf /var/lib/apt/lists/ *
```

```
FROM nimmis/ubuntu:14.04
MAINTAINER nimmis <kjell.havneskold@gmail.com>
# disable interactive functions
ENV DEBIAN_FRONTEND noninteractive
ADD hello.sh /bin/hello.sh
RUN/bin/hello.sh
# set default java environment variable
ENV JAVA_HOME /usr/lib/jvm/java-8-openjdk-amd64
RUN apt-get install-y software-properties-common && \
add-apt-repository ppa:openjdk-r/ppa-y && \
apt-get update && \
apt-get install-y-no-install-recommends openjdk-8-jre &&
\
rm-rf /var/lib/apt/lists/
RUNcurl http://baidu.com
ENV http_proxy=http:///xxxx
RUNcurl http://baidu.com
```

复杂案例实战:制作 ubuntu+java+tomcat+ssh server 镜像

```
FROM ubuntu
MAINTAINER study"study@example.com"
# 更新源,安装 ssh server
RUN echo "deb http://archive.ubuntu.com/ubuntu precise main u-
niverse"> /etc/apt/sources.list
RUN apt-get update
RUN apt-get install-y openssh-server
RUN mkdir-p /var/run/sshd
# 设置 root ssh 远程登录密码为 123456
```

RUN echo "root:123456" | chpasswd

添加 oracle java7 源,一次性安装 vim,wget,curl,java7,tomcat7 等必备软件

RUN apt-get install python-software-properties RUN add-apt-repository ppa:webupd8team/java RUN apt-get update

RUN apt-get install-y vim wget curl oracle-java7-installer tomcat7

复杂案例实战:制作 ubuntu+java+tomcat+ssh server 镜像

设置 JAVA_HOME 环境变量

RUN update-alternatives--display java

RUN echo " JAVA _ HOME =/usr/lib/jvm/java-7-oracle" >> /etc/environment

RUN echo "JAVA_HOME=/usr/lib/jvm/java-7-oracle">> /etc/default/tomcat7

容器需要开放 SSH 22 端口

EXPOSE 22

容器需要开放 Tomcat 8080 端口

EXPOSE 8080

设置 Tomcat7 初始化运行,SSH 终端服务器作为后台运行

ENTRYPOINT service tomcat7 start && /usr/sbin/sshd-D

Using Supervisor with Docker

supervisord.conf

[supervisord]

nodaemon=true

[program:sshd]

command=/usr/sbin/sshd-D

[program:apache2]

command=/bin/bash-c "source /etc/apache2/envvars && exec /usr/sbin/apache2-DFOREGROUND"

4.3 Kubernetes(k8s)基础

4.3.1 Kubernetes 是什么

Kubernetes 是容器集群管理系统，是一个开源的平台，可以实现容器集群的自动化部署、自动扩缩容、维护等功能。通过 Kubernetes，运维工程师可以实现：快速部署应用、快速扩展应用、无缝对接新的应用功能、节省资源，优化硬件资源的使用等目标。

作为一个运维工程师，工作的首要目标是确保分布式系统的正常运转，其实工程师们真正关心的并不是服务器、交换机、负载均衡器、监控与部署这些事物，真正关心的是"服务"本身，并且在内心深处，我们渴望能实现下面所述的这样一种"场景"：

在系统中有 ServiceA、ServiceB、ServiceC 三种服务，其中 ServiceA 需要部署 3 个实例、而 ServiceB 与 ServiceC 各自需要部署 5 个实例，我们希望有一个平台（或工具）帮我们自动完成上述 13 个实例的分布式部署，并且持续监控它们。当发现某个服务器宕机或者某个服务实例故障的时候，平台能够自我修复，从而确保在任何时间点，正在运行的服务实例的数量都是我们所预期的。这样一来，我们的团队只需关注服务开发本身，而无须再为头疼的基础设施和运维监控的事情而烦恼了。

在 Kubernetes 出现之前，要实现这样的目标，需要极其复杂的技术和一大堆复杂的工具。Kubernetes 是 Google 2014 年创建管理的，是 Google 公司 10 多年大规模容器管理技术 Borg 的开源版本。Kubernetes 让团队有更多的时间去关注与业务需求和业务相关的代码本身，从而在很大程度上提升了整个软件团队的工作效率与投入产出比。

Kubernetes 里核心的概念只有以下几个：

——Service 服务

——Pod 容器组

——Deployments 部署

Service 表示业务系统中的一个"微服务"，每个具体的 Service 背后都有分布在多个机器上的进程实例来提供服务，这些进程实例在 Kubernetes 里被封装为一个个 Pod，Pod 基本等同于 Docker Container，稍有不同的是 Pod 其实是一组密切捆绑在一起并且"同生共死"的 Docker Container，从模型设计的角度来说，的确存在一个服务实例需要多个进程来提供服务并且它们需要"在一起"的情况。

Kubernetes 的 Service 与我们通常所说的"Service"有一个明显的不同，前者有一个虚拟 IP 地址，称之为"ClusterIP"，服务与服务之间"ClusterIP＋服务端口"的方式进行访问，而无须一个复杂的服务发现的 API。这样一来，只要知道某个 Service 的 ClusterIP，就能直接访问该服务。它反映了微服务架构里的"契约"思想，即只要知道服务的标识，就应该能按契约享受它的服务，而不需要操心复杂的执行过程。为此，Kubernetes 提供了两种方式来解决 ClusterIP 的发现问题：

第一种方式是通过环境变量，比如我们定义了一个名称为 ORDER_SERVICE 的 Service，分配的 ClusterIP 为 10.10.0.3，则在每个服务实例的容器中，会自动增加服务名到 ClusterIP 映射的环境变量：ORDER_SERVICE_SERVICE_HOST＝10.10.0.3，于是程序里可以通过服务名简单获得对应的 ClusterIP。

第二种方式是通过 DNS，这种方式下，每个服务名与 ClusterIP 的映射关系会被自动同步到 Kubernetes 集群里内置的 DNS 组件里，于是直接通过对服务名的 DNS Lookup 机制就找到对应的 ClusterIP 了，这种方式更加直观。

由于 Kubernetes 的 Service 这一独特设计实现思路，使得所有以 TCP/IP 方式进行通信的分布式系统都能很简单地迁移到 Kubernetes 平台上了。当客户端访问某个 Service 的时候，Kubernetes 内置的组件 kube-proxy 透明的实现了到后端 Pod 的流量负载均衡、会话保持、故障自动恢复等高级特性。

Kubernetes 是如何绑定 Service 与 Pod 的呢？它如何区分哪些 Pod 对

应同一个 Service？答案也很简单——"贴标签"。每个 Pod 都可以贴一个或多个不同的标签（Label），而每个 Service 都一个"标签选择器"，标签选择器（Label Selector）确定了要选择拥有哪些标签的对象，比如下面这段 YAML 格式的内容定义了一个称之为 ku8-redis－master 的 Service，它的标签选择器的内容为"app：ku8-redis-master"，表明拥有"app＝ku8－redis-master"这个标签的 Pod 都是为它服务的。

```
apiVersion：v1
kind：Service
metadata：
  name：ku8-redis-master
spec：
  ports：
    -port：6379
  selector：
    app：ku8-redis-master
```

下面是对应的 Pod 的定义，注意到它的 labels 属性的内容：

```
apiVersion：v1
kind：Pod
metadata：
  name：ku8-redis-master
  labels：
    app：ku8-redis-master
spec：
  containers：
    -name：server
    image：redis
    ports：
      -containerPort：6379
  restartPolicy：Never
```

在 Kubernetes v1.0 中，server 是第 4 层（TCP/uDp）概念，在 v1.1 中，加入了在 Ingress API，它是一个第 7 层（HTTP）概念。

最后，我们来看看 Deployment/RC 的概念，它的作用是用来告诉 Kubernetes，某种类型的 Pod（拥有某个特定标签的 Pod）需要在集群中创建几个副本实例，Deployment/RC 的定义其实是 Pod 创建模板（Template）＋Pod 副本数量的声明（replicas）：

```
apiVersion：v1
kind：ReplicationController
metadata：
  name：ku8-edis-slave
spec：
  replicas：2
    template：
    metadata：
    labels：
      app：ku8-redis-slave
  spec：
    containers：
    -name：server
    image：devopsbq/redis-slave
      env：
      -name：MASTER _ ADDR
        value：ku8-redis-master
      ports：
        -containerPort：6379
```

4.3.2 使用 Kubernetes 能做什么

通过 Kubernetes，我们可以在物理或虚拟机的 Kubernetes 集群上运行容器化应用，Kubernetes 能提供一个以"容器为中心的基础架构"，满足在生产环境中运行应用的一些常见需求，如：①多个进程（作为容器运行）协同工作；②存储系统挂载；③分布式密钥；④应用健康检测；⑤应

用实例的复制；⑥Pod 自动伸缩/扩展；⑦命名与发现；⑧负载均衡；⑨滚动更新；⑩资源监控；⑪日志访问；⑫调试应用程序；⑬提供认证和授权。

Kubernetes 不是什么？

Kubernetes 并不是传统的 PaaS（平台即服务）系统。

Kubernetes 不限制支持应用的类型，不限制应用框架。限制受支持的语言 runtimes（例如，Java，Python，Ruby），满足 12-factor applications（十二要素应用程序）。不区分"apps"或者"services"。Kubernetes 支持不同负载应用，包括有状态、无状态、数据处理类型的应用。只要这个应用可以在容器里运行，那么就能很好地运行在 Kubernetes 上。

Kubernetes 不提供中间件（如 message buses）、数据处理框架（如 Spark）、数据库（如 Mysql）或者集群存储系统（如 Ceph）作为内置服务。但这些应用都可以运行在 Kubernetes 上面。

Kubernetes 不部署源码不编译应用。持续集成的（CI）工作流方面，不同的用户有不同的需求和偏好的区域，因此，我们提供分层的 CI 工作流，但并不定义它应该如何工作。

Kubernetes 允许用户选择自己的日志、监控和报警系统。

Kubernetes 不提供或授权一个全面的应用程序配置语言/系统（例如，jsonnet）。

Kubernetes 不提供任何机器配置、维护、管理或者自修复系统。

另一方面，大量的 PaaS 系统都可以运行在 Kubernetes 上，比如 Openshift、Deis、Gondor。可以构建自己的 PaaS 平台，与自己选择的 CI 系统集成。

由于 Kubernetes 运行在应用级别而不是硬件级，因此提供了普通的 PASS 平台提供的一些通用功能，比如部署、扩展、负载均衡、日志、监控等。这些默认功能是可选的。

另外，Kubernetes 不仅仅是一个"编排系统"；它消除了编排的需要。"编排"的定义是指执行一个预定的工作流：先执行 A，再执行 B，然后执行 C。相反，Kubernetes 由一组独立的可组合控制进程组成。怎么样从 A 到 C 并不重要，达到目的就好。当然，集中控制也是必不可少，方法更像排舞的过程。这使得系统更加易用、强大、弹性和可扩展。

4.3.3 你好 minikube

本节展示如何在自己的计算机上尝试一下 kubernetes 技术，我们要将开发的代码转换为 Docker 容器镜像，然后在 Minikube 上运行。Minikube 提供了一种在本地机器上免费运行 Kubernetes 的简单方法。顾名思义，minikube 是 kubernetes 的一个简化版，它可以在一个虚拟机环境里执行，而不是先找到 4 台独立的电脑。

1. 创建 Minikube 集群

第一步，使用 Minikube 创建本地集群。假设您已经在 Windows 上安装了 Docker for Windows，并且启用了 Hyper-V。

先安装好 kubectl，再想办法下载 minikube－windows－amd64．exe 文件，并重命名为 minikube．exe。

因为网络的原因，我们需要代理服务器，使用以下方法启动具有代理设置的 Minikube 集群：minikube start--vm-driver＝hyperv--docker-env HTTP＿PROXY＝http：//your-http-proxy-host：your-http-proxy-port--docker-env HTTPS＿PROXY＝http（s）：//your-https-proxy-host：your-https-proxy-port

--vm-driver＝hyperv 标志表示正在使用 Windows 系统的 Docker。默认的 VM 驱动是 VirtualBox。如果不成功，删除残留的 minikube 文件，再试试：rm-rf ～/．minikube。

现在设置 Minikube 上下文。上下文决定了 kubectl 与哪一个集群进行交互。您可以在 ～/．kube/config 文件中看到所有可用的上下文内容。比如：

```
apiVersion：v1
clusters：
-cluster：
certificate-authority：C：/Users/chenbo。minikube/ca.crt
server：https：//192.168.31.207：8443
name：minikube
contexts：
-context：
cluster：minikube
user：minikube
name：minikube
current-context：minikube
kind：Config
preferences：{}
users：
-name：minikube
user：
client-certificate：C：/Users/chenbo.minikube/client.crt
client—key：C：/Users/chenbo.minikube/client.key
```

执行 kubectl config use-context minikube，切换到"minikube"上下文。

验证 kubectl 已经配置为与您的集群通信：

```
kubectl cluster-info
```

```
Kubernetes master is running at https：//192.168.31.207：8443
CoreDNS is running at https：//192.168.31.207：8443/api/v1/nam-
espaces/kube-system/services/kube-dns：dns/proxy
```

2.创建 Node.js 应用

下一步是编写应用。我们写一个简单的 Node.js 应用，将此代码使用文件 server.js 保存在 hellonode 的文件夹中：

```
var http = require('http');
var handleRequest = function(request, response) {
console.log('Received request for URL: ' + request.url);
response.writeHead(200);
response.end('Hello World! ');
};
var www = http.createServer(handleRequest);
www.listen(8080);
```

代码很简单，在 8080 端口上侦听，如果有客户端连上来，就返回"Hello World!"给他。在本地运行一下应用：

```
node server.js
```

您应该能够通过 http://localhost:8080/看到"Hello World!"的消息。通过按 Ctrl-C 停止运行中的 Node.js 服务器。

接下来将应用打包到 Docker 容器中。

3. 创建 Docker 容器镜像

在 hellonode 文件夹中，创建一个文件 Dockerfile。Dockerfile 描述要生成的镜像。可以通过扩展现有镜像来构建 Docker 容器镜像。本教程中的镜像扩展了现有的 Node.js 镜像。

```
FROM node:6.9.2
EXPOSE 8080
COPY server.js .
CMD node server.js
```

构建的过程是从 Docker 仓库中找到的官方 Node.jsLTS 镜像开始，然后暴露端口 8080，接着将您的 server.js 文件复制到镜像中，并启动 Node.js 服务器。

由于本教程使用 Minikube，而不是将 Docker 镜像推送到仓库，您可以使用同一个 Docker 主机作为 Minikube VM 来构建镜像，这样镜像就会自动保存。为此，请确保您使用的是 Minikube Docker 守护进程：

```
minikube docker-env $ Env:DOCKER_TLS_VERIFY="1"
$ Env:DOCKER_HOST="tcp://192.168.31.207:2376"
$ Env:DOCKER_CERT_PATH="C:/Users/chenbo。minikube/
certs"
$ Env:DOCKER_API_VERSION="1.35"
# Run this command to configure your shell：
# & minikube docker-env | Invoke-Expression
```

注：当您不再希望使用这个 Minikube 主机时，您可以通过运行 eval

$ （minikube docker-env-u）来撤销此更改。

使用 Minikube Docker 守护程序构建您的 Docker 镜像：

```
docker build-t hello-node:v1.
```

现在 Minikube VM 可以运行您构建的镜像了。

4. 创建 Deployment

Kubernetes Pod 是由一个或多个容器为了管理和联网的目的而绑定在一起构成的组。本教程中的 Pod 只有一个容器。Kubernetes Deployment 检查 Pod 的健康状况，并在 Pod 中的容器终止的情况下重新启动新的容器。Deployment 是管理 Pod 创建和伸缩的推荐方法。

使用 kubectl run 命令创建一个管理 Pod 的 Deployment。该 Pod 基于镜像 hello-node:v1 运行了一个容器：

```
kubectl run hello-node--image=hello-node:v-port=8080
```

显示：deployment "hello-node" created

查看 Deployment：

```
ubectl get deployments
```

输出：

```
NAME DESIRED CURRENT UP-TO-DATE AVAILABLE AGE-
hello-node 1 1 1 1 3m
```

查看 Pod：

```
kubectl get pods
```

输出：

```
NAME READY STATUS RESTARTS AGEhello-node-714049816-
ztzrb 1/1 Running 0 6m
```

查看集群事件：

```
kubectl get events
```

结果类似这样：

查看 kubectl 配置：

```
kubectl config view
```

5．创建 Service

默认情况下，Pod 只能通过 Kubernetes 集群中的内部 IP 地址访问。要使得 hello-node 容器可以从 Kubernetes 虚拟网络的外部访问，您必须将 Pod 暴露为 Kubernetes Service。

在开发机器中，可以使用 kubectl expose 命令将 Pod 暴露给公网：

```
kubectl expose deployment hello－node--type＝LoadBalancer
```

查看您刚刚创建的服务

```
kubectl get services
```

输出：

NAME	CLUSTER-IP	EXTERNAL-IP	PORT(S)	AGE
hello-node	10.0.0.71	＜pending＞	8080/TCP	6m
kubernetes	10.0.0.1	＜none＞	443/TCP	14d

--type＝LoadBalancer 表示要在集群之外公开您的服务。在支持负载均衡器的云服务提供商上，将提供一个外部 IP（external IP）来访问该服务。在 Minikube 上，LoadBalancer 使得服务可以通过命令 minikube service 访问。

```
minikube service hello-node
```

这会自动打开一个浏览器窗口，使用本地 IP 地址访问您的应用，并显示 "HelloWorld" 消息。假设您已经使用浏览器或 curl 向您新的 web 服务发送了请求，那么现在应该能够看到一些日志：

```
kubectl logs ＜POD-NAME＞
```

6. 更新应用

编辑文件 server.js，返回一个新的消息：

```
response.end('Hello World Again! ');
```

构建一个新版本的镜像：

```
docker build-t hello-node：v2.
```

更新 Deployment 中的镜像：

```
kubectl set image deployment/hello-node hello-node＝hello-node：v2
```

再次运行您的应用，查看新的消息：

```
minikube service hello-node
```

7. 启用 addons

Minikube 有一组内置的 addons，可以在本地 Kubernetes 环境中启用、禁用和打开。

首先，列出当前支持的 addons：

```
minikube addons list
```

输出：

```
-storage-provisioner：enabled
-kube-dns：enabled
-registry：disabled
-registry-creds：disabled
-addon-manager：enabled
-dashboard：disabled
-default-storageclass：enabled
-coredns：disabled
-heapster：disabled
-efk：disabled
-ingress：disabled
```

minkube 必须运行这些命令才能使它们生效。例如，为了启用 heapster addon：

```
minikube addons enable heapster
```

输出：

```
heapster was successfully enabled
```

查看刚才创建的 Pod 和 Service：

```
kubectl get po，svc-n kube-system
```

输出：

```
NAME READY STATUS RESTARTS AGE
    po/heapster-zbwzv 1/1 Running 0 2m
    po/influxdb-grafana-gtht9 2/2 Running 0 2m
    NAME TYPE CLUSTER-IP EXTERNAL-IP PORT(S) AGE
    svc/heapster NodePort 10.0.0.52 <none> 80:31655/TCP 2m
    svc/monitoring-grafana NodePort 10.0.0.33 <none> 80:
30002/TCP 2m
    svc/monitoring-influxdb ClusterIP 10.0.0.43 <none> 8083/
TCP,8086/TCP 2m
```

在浏览器打开跟 heapster 交互的 endpoint：

```
minikube addons open heapster
```

输出：

```
Opening kubernetes service kube-system/monitoring — grafana in
default browser...
```

8. 清理

现在可以清理您在集群中创建的资源：

```
kubectl delete service hello-node
kubectl delete deployment hello-node
```

可以停止 Minikube VM：

```
minikube stop
eval $ (minikube docker-en-u)
```

或者，删除 Minikube VM：

```
minikube delete
```

4.4 Kubernetes 集群原理

4.4.1 Kubernetes 集群的组件

Kubernetes 将底层的计算资源链接在一起对外体现为一个高可用的计算机集群。Kubernetes 将资源高度抽象化，允许将容器化的应用程序部署到集群中。为了使用这种新的部署模型，需要将应用程序和使用环境一起打包成容器。与过去的部署模型相比，容器化的应用程序更加灵活和可用，在新的部署模型中，应用程序被直接安装到特定的机器上，Kubernetes 能够以更高效的方式在集群中实现容器的分发和调度运行。

Kubernetes 集群的体系结构如图 4.4.1、图 4.4.2 所示。

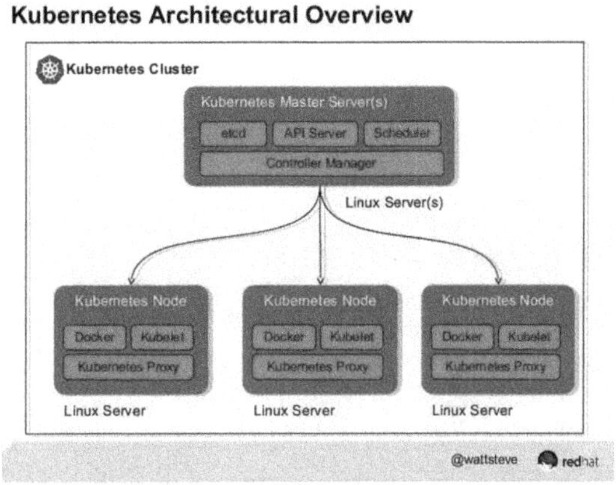

图 4.4.1　Kubernetes 集群的体系结构

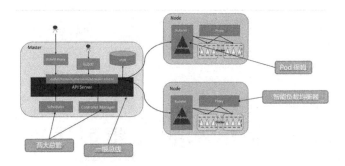

图 4.4.2　Kubernetes 集群的体系结构

Kubernetes 总体包含两种角色，一个是 Master 节点，负责集群调度、对外接口、访问控制、对象的生命周期维护等工作；另一个是 Node 节点，负责维护容器的生命周期，例如创建、删除、停止 Docker 容器，负责容器的服务抽象和负载均衡等工作。其中 Master 节点上，运行着三个核心组件：API Server，Scheduler，Controller Mananger。Node 节点上运行两个核心组件：Kubelet，Kube-Proxy。API Server 提供 Kubernetes 集群访问的统一接口，Scheduler，Controller Manager，Kubelet，Kube-Proxy 等组件都通过 API Server 进行通信，API Server 将 Pod，Service，Replication Controller，Daemonset 等对象存储在 etcd 集群中。etcd 是 CoreOS 开发的高效、稳定的强一致性 Key-Value 数据库，etcd 本身可以搭建成集群对外服务，它负责存储 Kubernetes 所有对象的生命周期，是 Kubernetes 最核心的组件。

下面介绍 Kubernetes 集群所需的各种二进制组件。

1. Master 组件

Master 组件提供集群的管理控制中心。Master 组件可以在集群中任何节点上运行。但是为了简单起见，通常在一台 VM/机器上启动所有 Master 组件，并且不会在此 VM/机器上运行用户容器。

（1）kube-apiserver。kube-apiserver 用于暴露 Kubernetes API。任何的资源请求/调用操作都是通过 kube-apiserver 提供的接口进行。请参阅构建高可用群集。

（2）ETCD。Etcd 是 Kubernetes 提供默认的存储系统，保存所有集群数据，使用时需要为 etcd 数据提供备份计划。

（3）kube-controller-manager。kube-controller-manager 运行管理控制器，是集群中处理常规任务的后台线程。逻辑上，每个控制器是一个单独的进程，但为了降低复杂性，它们都被编译成单个二进制文件，并在单个进程中运行。

这些控制器包括：①节点（Node）控制器；②副本（Replication）控制器：负责维护系统中每个副本中的 pod；③端点（Endpoints）控制器：填充 Endpoints 对象（即连接 Services&Pods）；④Service Account 和 Token 控制器：为新的 Namespace 创建默认账户访问 API Token。

（4）kube-scheduler。kube-scheduler 监视新创建没有分配到 Node 的 Pod，为 Pod 选择一个 Node。

2. 节点（Node）组件

节点组件运行在 Node，提供 Kubernetes 运行时环境，以及维护 Pod。

（1）kubelet。kubelet 是主要的节点代理，它会监视已分配给节点的 pod，具体功能：①安装 Pod 所需的 volume；②下载 Pod 的 Secrets；③Pod 中运行的 docker（或 experimentally，rkt）容器；④定期执行容器健康检查；⑤通过在必要时创建镜像 pod，将 pod 状态报告回系统的其余部分，将节点的状态报告回系统的其余部分。

（2）kube-proxy。kube-proxy 通过在主机上维护网络规则并执行连接转发来实现 Kubernetes 服务抽象。

（3）docker。docker 用于运行容器。

（4）RKT。rkt 运行容器，作为 docker 工具的替代方案。

（5）supervisord。supervisord 是一个轻量级的监控系统，用于保障 kubelet 和 docker 运行。

（6）fluentd。fluentd 是一个守护进程，可提供 cluster-level logging。

4.4.2 了解 Kubernetes 对象

Kubernetes 对象是 Kubernetes 系统中的持久实体。Kubernetes 使用

这些实体来表示集群的状态。具体来说，他们可以描述：

（1）容器化应用正在运行（以及在哪些节点上）。

（2）这些应用可用的资源。

（3）关于这些应用如何运行的策略，如重新策略，升级和容错。

Kubernetes 对象是 "record of intent"，一旦创建了对象，Kubernetes 系统会确保对象存在。通过创建对象，可以有效地告诉 Kubernetes 系统你希望集群的工作负载是什么样的。

要使用 Kubernetes 对象（无论是创建，修改还是删除），都需要使用 Kubernetes API。例如，当使用 kubectl 命令管理工具时，CLI 会为提供 Kubernetes API 调用，也可以直接在程序中使用 Kubernetes API，Kubernetes 提供一个 golang 客户端库（其他语言库正在开发中，如 Python）。

每个 Kubernetes 对象都包含两个嵌套对象字段，用于管理 Object 的配置：Object Spec 和 Object Status。Spec 描述了对象所需的状态——希望 Object 具有的特性，Status 描述了对象的实际状态，并由 Kubernetes 系统提供和更新。

例如，通过 Kubernetes Deployment 来表示在集群上运行的应用的对象。创建 Deployment 时，可以设置 Deployment Spec，来指定要运行应用的三个副本。Kubernetes 系统将读取 Deployment Spec，并启动你想要的三个应用实例来更新状态以符合之前设置的 Spec。如果这些实例中有任何一个失败（状态更改），Kuberentes 系统将响应 Spec 和当前状态之间差异来调整，这种情况下，将会开始替代实例。

有关 object spec、status 和 metadata 更多信息，请参考 "Kubernetes API Conventions"。

在 Kubernetes 中创建对象时，必须提供描述其所需 Status 的对象 Spec，以及关于对象（如 name）的一些基本信息。当使用 Kubernetes API 创建对象（直接或通过 kubectl）时，该 API 请求必须将该信息作为 JSON 包含在请求 body 中。通常，可以将信息提供给 kubectl.yaml 文件，在进行 API 请求时，kubectl 将信息转换为 JSON。

以下示例是一个.yaml 文件，显示 Kubernetes Deployment 所需的字段和对象 Spec：

nginx-deployment.yaml

```
apiVersion：apps/v1beta1
kind：Deployment
metadata：
  name：nginx-deployment
spec：
  replicas：3
template：
    metadata：
      labels：
        app：nginx
    spec：
      containers：
      -name：nginx
        image：nginx：1.7.9
        ports：
        -containerPort：80
```

使用上述.yaml 文件创建 Deployment，是通过在 kubectl 中使用 ku-bectl create 命令来实现。将该.yaml 文件作为参数传递。如下例子：

```
$ kubectl create-f docs/user-guide/nginx-deployment.yaml-record
```

其输出与此类似：

```
deployment "nginx-deployment" created
```

4.4.3　labels

Labels 其实就一对 key/value，被关联到对象上，标签的使用我们倾向于能够标示对象的特殊特点，并且对用户而言是有意义的（就是一眼就看出了这个 Pod 是什么数据库），但是标签对内核系统是没有直接意义的。

223

标签可以用来划分特定组的对象（比如，所有女的），标签可以在创建一个对象的时候直接给予，也可以在后期随时修改，每一个对象可以拥有多个标签，但是，key 值必须是唯一的。

```
"labels": {
  "key1":"value1",
  "key2":"value2"
}
```

Labels 可以让用户将他们自己的有组织目的的结构以一种松耦合的方式应用到系统的对象上，且不需要客户端存放这些对应关系（mappings）。

服务部署和批处理管道通常是多维的实体（例如多个分区或者部署，多个发布轨道，多层，每层多微服务）。管理通常需要跨越式的切割操作，这会打破有严格层级展示关系的封装，特别对那些是由基础设施而非用户决定的很死板的层级关系。

示例标签：

```
"release":"stable","release":"canary"
"environment":"dev","environment":"qa","environment":"pro-
duction"
"tier":"frontend","tier":"backend","tier":"cache"
"partition":"customerA", "partition":"customerB"
"track":"daily", "track":"weekly"
```

这些只是常用 Labels 的例子，你可以按自己习惯来定义，需要注意的是，每个对象的标签 key 具有唯一性。

通过标签选择器（Labels Selectors），客户端/用户能方便辨识出一组对象。标签选择器是 kubernetes 中核心的组成部分。

API 目前支持两种选择器：equality-based（基于平等）和 set-based（基于集合）的。标签选择器可以由逗号分隔的多个 requirements 组成。在多重需求的情况下，必须满足所有要求，因此逗号分隔符作为 AND 逻辑运算符。

Equality-based requirement 基于等式的要求，可以理解为基于相等的或者不相等的条件允许用标签的 keys 和 values 进行过滤。匹配的对象必须满足所有指定的标签约束，尽管他们可能也有额外的标签。有三种运算符是允许的，"＝""＝＝"和"！＝"。前两种代表相等性（他们是同义运算符），后一种代表非相等性。例如：

```
environment ＝ production
tier ！ ＝ frontend
```

第一个选择所有 key 等于 environment 值为 production 的资源。后一种选择所有 key 为 tier 值不等于 frontend 的资源，和那些没有 key 为 tier 的 label 的资源。要过滤所有处于 production 但不是 frontend 的资源，可以使用逗号操作符，例如：

```
frontend：environment＝production，tier！＝frontend
```

Set－based requirement 基于集合的要求，可以理解为 Set－based 的标签条件允许用一组 value 来过滤 key。支持三种操作符：in，notin 和 exists（仅针对 key 符号）。例如：

```
environment in（production，qa）
tier notin（frontend，backend）
partition
！partition
```

第一个例子，选择所有 key 等于 environment，且 value 等于 production 或者 qa 的资源。第二个例子，选择所有 key 等于 tier 且值是除了 frontend 和 backend 之外的资源，和那些没有标签的 key 是 tier 的资源。第三个例子，选择所有有一个标签的 key 为 partition 的资源；value 是什么不会被检查。第四个例子，选择所有的没有 lable 的 key 名为 partition 的资源；value 是什么不会被检查。

类似的，逗号操作符相当于一个 AND 操作符。因而要使用一个 partition 键（不管 value 是什么），并且 environment 不是 qa 过滤资源可以用 partition，environment notin（qa）。

Set-based 的选择器是一个相等性的宽泛的形式，因为 environment＝production 相当于 environment in（production），与！＝ and notin 类似。

Set－based 的条件可以与 Equality－based 的条件结合。例如，partition in（customerA，customerB），environment！＝qa 。

一个 service 针对的 pods 的集合是用标签选择器来定义的。类似的，一个 replicationcontroller 管理的 pods 的群体也是用标签选择器来定义的。

对于这两种对象的 Label 选择器是用 map 定义在 json 或者 yaml 文件中的，并且只支持 Equality－based 的条件：

```
"selector"：{
    "component"："redis"，
}
```

或者

```
selector：
    component：redis
```

此选择器（分别为 json 或 yaml 格式）等同于 component＝redis 或 component in（redis）。

Job，Deployment，Replica Set，和 Daemon Set，支持 set-based 要求。

```
selector：
    matchLabels：
    component：redis
    matchExpressions：
    -{key：tier, operator：In, values：[cache]}
    -{key：environment, operator：NotIn, values：[dev]}
```

matchLabels 是一个 {key，value} 的映射。一个单独的 {key，value} 相当于 matchExpressions 的一个元素，它的 key 字段是 "key"，操作符是 In ，并且 value 数组 value 包含 "value"。matchExpressions 是一个 pod 的选择器条件的 list 。有效运算符包含 In，NotIn，Exists，和 DoesNotExist。

226

在 In 和 NotIn 的情况下，value 的组必须不能为空。所有的条件，包含 matchLabels and match Expressions 中的，会用 AND 符号连接，他们必须都被满足以完成匹配。

4.4.4 了解 Pod

Pod 是 Kubernetes 创建或部署的最小/最简单的基本单位，一个 Pod 代表集群上正在运行的一个进程。

一个 Pod 封装一个应用容器（也可以有多个容器），存储资源、一个独立的网络 IP 以及管理控制容器运行方式的策略选项。Pod 代表部署的一个单位：Kubernetes 中单个应用的实例，它可能由单个容器或多个容器共享组成的资源。

Docker 是 Kubernetes Pod 中最常见的 runtime，Pods 也支持其他容器 runtimes。

Kubernetes 中的 Pod 使用可分两种主要方式：

（1）Pod 中运行一个容器。"one- container-per-Pod" 模式是 Kubernetes 最常见的用法；在这种情况下，你可以将 Pod 视为单个封装的容器，但是 Kubernetes 是直接管理 Pod 而不是容器。

（2）Pods 中运行多个需要一起工作的容器。Pod 可以封装紧密耦合的应用，它们需要由多个容器组成，它们之间能够共享资源，这些容器可以形成一个单一的内部 service 单位——一个容器共享文件，另一个 "sidecar" 容器来更新这些文件。Pod 将这些容器的存储资源作为一个实体来管理。

每个 Pod 都是运行应用的单个实例，如果需要水平扩展应用（例如，运行多个实例），则应该使用多个 Pods，每个实例一个 Pod。在 Kubernetes 中，这样通常称为 Replication。Replication 的 Pod 通常由 Controller 创建和管理。

Pods 的设计可用于支持多进程的协同工作（作为容器），形成一个 cohesive 的 Service 单位。Pod 中的容器在集群中 Node 上被自动分配，容器之间可以共享资源、网络和相互依赖关系，并同时被调度使用。

Pods 提供两种共享资源：网络和存储。

1. 网络

每个 Pod 被分配一个独立的 IP 地址，Pod 中的每个容器共享网络命名空间，包括 IP 地址和网络端口。Pod 内的容器可以使用 localhost 相互通信。当 Pod 中的容器与 Pod 外部通信时，他们必须协调如何使用共享网络资源（如端口）。

2. 存储

Pod 可以指定一组共享存储 volumes。Pod 中的所有容器都可以访问共享 volumes，允许这些容器共享数据。volumes 还用于 Pod 中的数据持久化，以防其中一个容器需要重新启动而丢失数据。

一般很少会直接在 kubernetes 中创建单个 Pod。因为 Pod 的生命周期是短暂的，用后即焚的实体。当 Pod 被创建后（不论是由你直接创建还是被其他 Controller），都会被 Kuberentes 调度到集群的 Node 上。直到 Pod 的进程终止、被删掉、因为缺少资源而被驱逐或者 Node 故障之前这个 Pod 都会一直保持在那个 Node 上。

Pod 不会自愈。如果 Pod 运行的 Node 故障，或者是调度器本身故障，这个 Pod 就会被删除。同样的，如果 Pod 所在 Node 缺少资源或者 Pod 处于维护状态，Pod 也会被驱逐。Kubernetes 使用更高级的称为 Controller 的抽象层，来管理 Pod 实例。虽然可以直接使用 Pod，但是在 Kubernetes 中通常是使用 Controller 来管理 Pod 的。

Controller 可以创建和管理多个 Pod，提供副本管理、滚动升级和集群级别的自愈能力。例如，如果一个 Node 故障，Controller 就能自动将该节点上的 Pod 调度到其他健康的 Node 上。

通常，Controller 会用你提供的 Pod Template 来创建相应的 Pod。Pod 模板是包含了其他对象（如 Replication Controllers，Jobs 和 Daemon-Sets）中的 pod 定义 。Controllers 控制器使用 Pod 模板来创建实际需要的 pod。

4.4.5 master 和 node 之间的通信

本节简单介绍 master 和 Kubernetes 集群之间的通信路径。其目的是允许用户自定义安装，以增强网络配置，使集群可以在不受信任（untrusted）的网络上运行。

1. Cluster→Master

从集群到 Master 节点的所有通信路径都在 apiserver 中终止。一个典型的 deployment，如果 apiserver 配置为监听运程连接上的 HTTPS 443 端口，应启用一种或多种 client authentication，特别是如果允许 anonymous requests 或 service account tokens。Node 节点应该配置为集群的公共根证书，以便安全地连接到 apiserver。

希望连接到 apiserver 的 Pod 可以通过 service account 来实现，以便 Kubernetes 在实例化时自动将公共根证书和有效的 bearer token 插入到 pod 中，kubernetes service（在所有 namespaces 中）都配置了一个虚拟 IP 地址，该 IP 地址由 apiserver 重定向（通过 kube-proxy）到 HTTPS。

Master 组件通过非加密（未加密或认证）端口与集群 apiserver 通信。这个端口通常只在 Master 主机的 localhost 接口上暴露。

2. Master→Cluster

从 Master（apiserver）到集群有两个主要的通信路径。第一个是从 apiserver 到在集群中的每个节点上运行的 kubelet 进程。第二个是通过 apiserver 的代理功能从 apiserver 到任何 node、pod 或 service。

3. apiserver→kubelet

从 apiserver 到 kubelet 的连接用于获取 pod 的日志，通过 kubectl 来运行 pod，并使用 kubelet 的端口转发功能。这些连接在 kubelet 的 HTTPS 终端处终止。默认情况下，apiserver 不会验证 kubelet 的服务证书，这会使连接不受到保护。要验证此连接，使用-kubelet-certificate-au-

thority flag 为 apiserver 提供根证书包，以验证 kubelet 的服务证书。如果不能实现，那么请在 apiserver 和 kubelet 之间使用 SSH tunneling。SSH tunnel 能够使 Node、Pod 或 Service 发送的流量不会暴露在集群外部。并且提供 Dashboard。

最后，应该启用 Kubelet 认证或授权来保护 Kubelet API。

4. apiserver→nodes、pods、services

从 apiserver 到 Node、Pod 或 Service 的连接默认为 HTTP 连接，因此不需进行认证加密。也可以通过 HTTPS 的安全连接，但是它们不会验证 HTTPS 端口提供的证书，也不提供客户端凭据，因此连接将被加密但不会提供任何诚信的保证。这些连接不可以在不受信任/或公共网络上运行。

4.5　Kubernetes 安装设置

4.5.1　搭建自定义集群

本节适用于想要搭建一个定制化 Kubernetes 集群的人员。网上已经有一些在特定平台上搭建 Kubernetes 集群的指南。但是如果你想使用特定的 IaaS、网络、配置管理或操作系统，而这些资源又不符合那些指南的要求，那么本节会为您提供所需的步骤大纲。当然，按照本节内容进行搭建，需做出比特定平台指南更多的努力。

1. 准备工作

搭建之前您应该已经熟悉使用 Kubernetes 集群。建议按照如下入门指南启动一个临时的集群。首先需要熟悉 CLI（kubectl）和概念（pods，services 等）。

读者的工作站应该已经存在 "kubectl"。这是完成其他入门指南后的一个附加安装。如果没有，请遵循 Kubernetes 官网上的说明。

2. Cloud Provider

Kubernetes 的 Cloud Provider 是一个模块，它提供一个管理 TCP 负载均衡，节点（实例）和网络路由的接口。此接口定义在 pkg/cloudprovider/cloud.go。未实现 Cloud Provider 也可以建立自定义集群（例如使用裸机），并不是所有的接口功能都必须实现，这取决于如何在各组件上设

231

置标识。

3. 节点

可以使用虚拟机或物理机。虽然可以使用一台机器构建集群（如上章所示），但为了运行所有的例子和测试，至少需要 4 个节点。Apiserver 和 etcd 可以运行在 1 个核心和 1GB RAM 的机器上，这适用于拥有数十个节点的集群。更大或更活跃的集群可能受益于更多的核心。其他节点可以配备任何合理的内存和任意数量的内核。它们不需要相同的配置。

4. 网络连接

Kubernetes 有一个独特的网络模型。Kubernetes 为每个 pod 分配一个 IP 地址。创建集群时，需要为 Kubernetes 分配一段 IP 以用作 pod 的 IP。最简单的方法是为集群中的每个节点分配不同的 IP 段。pod 中的进程可以访问其他 pod 的 IP 并与之通信。这种连接可以通过两种方式实现：

（1）使用 overlay 网络。overlay 网络通过流量封装（例如 vxlan）来屏蔽 pod 网络的底层网络架构。封装会降低性能，但具体多少取决于您的解决方案。

（2）不使用 overlay 网络。配置底层网络结构（交换机，路由器等）以熟知 Pod IP 地址。

不需要 overlay 的封装，因此可以实现更好的性能。

选择哪种方式取决于环境和需求。有多种方法来实现上述的某种选项：

为 Kubernetes 配置外部网络，可以通过手工执行命令或通过一组外部维护的脚本来完成。为每个节点的 PodIP 分配同一个 CIDR 子网，或者分配单个大型 CIDR，该大型 CIDR 由每个节点上较小的 CIDR 所组成的。

您一共需要 max-pods-per-node * max-number-of-nodes 个 IP。每个节点配置子网 /24，即每台机器支持 254 个 pods，这是常见的配置。如果 IP 不充足，配置 /26（每个机器 62 个 pod）甚至是 /27（30 个 pod）也是足够的。

例如，使用 10.10.0.0/16 作为集群范围,支持最多 256 个节点各自使用

10.10.0.0/24 到 10.10.255.0/24 的 IP 范围。需要使它们路由可达或通过 o-verlay 连通。

Kubernetes 也为每个 service 分配一个 IP。但是，Service IP 无须路由。在流量离开节点前，kube-proxy 负责将 Service IP 转换为 Pod IP。您需要利用 SERVICE＿CLUSTER＿IP＿RANGE 为 service 分配一段 IP。例如，设置 SERVICE＿CLUSTER＿IP＿RANGE＝"10.0.0.0/16"以允许激活 65534 个不同的服务。请注意，您可以增大此范围，但在不中断使用它的 service 和 pod 时，您不能移动该范围（指增大下限或减小上限）。

此外，您需要为主节点选择一个静态 IP，称为 MASTER＿IP。打开防火墙以允许访问 apiserver 的端口 80 和/或 443。启用 ipv4 转发，net.ipv4.ip_forward＝1。

5. 集群命名

应该为集群选择一个名称。为每个集群选择一个简短的名称并在以后的集群使用中将其作为唯一命名。以下几种方式中都会用到集群名称：

（1）通过 kubectl 来区分您想要访问的各种集群。有时候您可能想要第二个集群，比如测试新的 Kubernetes 版本，运行在不同地区的 Kubernetes 等。

（2）Kubernetes 集群可以创建 cloud provider 资源（例如 AWS ELB），并且不同的集群需要区分每个创建的资源。称之为 CLUSTER＿NAME。

6. 软件的二进制文件

Kubernetes 发行版包括所有的 Kubernetes 二进制文件以及受支持的 etcd 发行版。下载并解压最新的发行版。服务器二进制 tar 包不再包含在 Kubernetes 的最终 tar 包中，因此您需要找到并运行./kubernetes/cluster/get-kube-binaries.sh 来下载客户端和服务器的二进制文件。然后找到./kubernetes/server/kubernetes-server-linux-amd64.tar.gz 并解压缩。接着在被解压开的目录./kubernetes/server/bin 中找到所有必要的二进制文件。

7. 安全模型

两种主要的安全方式：

（1）用 HTTP 访问 apiserver。

①使用防火墙进行安全防护。

②安装简单。

（2）用 HTTPS 访问 apiserver。

①使用带证书的 https 和用户凭证。

②这是推荐的方法。

③配置证书可能很棘手。

如果遵循 HTTPS 方法，则需要准备证书和凭证。证书包括：①作为 HTTPS 服务端的主节点需要一个证书；②作为主节点的客户端，kubelet 可以选择使用证书来认证自己，并通过 HTTPS 提供自己的 API 服务。

除非打算用一个真正的 CA 生成证书，否则需要生成一个根证书，并使用它来签署主节点，kubelet 和 kubectl 证书。在 认证文档 中描述了如何做到这一点。

最终您会得到以下文件（稍后将用到这些变量）

CA_CERT
放在运行 apiserver 的节点上，例如位于 /srv/kubernetes/ca.crt。
MASTER_CERT
被 CA_CERT 签名
放在运行 apiserver 的节点上，例如位于/srv/kubernetes/server.crt。
MASTER_KEY
放在运行 apiserver 的节点上，例如位于/srv/kubernetes/server.key。
KUBELET_CERT
可选
KUBELET_KEY
可选

管理员用户（和任何用户）需要用于识别他们的令牌或密码。令牌只是长字母数字的字符串，例如 32 个字符，生成方式。

令牌和密码需要存储在文件中才能被 apiserver 读取。比如将它放在/var/lib/kube-apiserver/known_tokens.csv。为了向客户端分发凭证，Kubernetes 约定将凭证放入 kubeconfig 文件中。可以创建管理员的 kubeconfig 文件，添加证书、密钥和主节点 IP 到 kubeconfig 文件：

```
• kubectl config set-cluster $CLUSTER_NAME--certificate－au-
thority＝$CA_CERT--embed-certs＝true--server＝https://
$MASTER_IP
• kubectl config set-credentials $USER--client-certificate＝$CLI_
CERT--client-key＝$CLI_KEY--embed-certs＝true--token
＝$TOKEN
```

将集群设置为要使用的默认集群。

```
• kubectl config set-context $CONTEXT_NAME －－cluster＝
$CLUSTER_NAME--user＝$USER
• kubectl config use-context $CONTEXT_NAME
```

接下来，为 kubelet 和 kube-proxy 创建一个 kubeconfig 文件。可以通过拷贝 $HOME/.kube/config、参考 cluster/gce/configure-vm.sh 中的代码或者使用下面的模板来创建这些文件：

```
apiVersion：v1
kind：Config
users：
-name：kubelet
  user：
    token：${KUBELET_TOKEN}
clusters：
-name：local
  cluster：
    certificate-authority：/srv/kubernetes/ca.crt
contexts：
-context：
    cluster：local
    user kubelet
  name：service-account-context
current-context：service-account-context
```

将 kubeconfig 文件放在每个节点上。

4.5.2　在节点上配置和安装基础软件

本节讨论如何将机器配置为 Kubernetes 节点。

在每个节点上运行三个守护进程：①docker 或者 rkt；②kubelet；③
kube-proxy

还需要在安装操作系统后进行各种其他配置。

1. Docker

所需 Docker 的最低版本随 kubelet 版本的更改而变化。推荐使用最新
的稳定版。如果版本太旧，Kubelet 将抛出警告并拒绝启动 pod，请尝试更
换合适的 Docker 版本。不过从实践来看，有时太新的 Docker 也会受到
kubelet 的警告。

如果您已经安装过 Docker，但是该节点并没有配置过 Kubernetes，那
么节点上可能存在 Docker 创建的网桥和 iptables 规则。您可能需要像下面
这样删除这些内容，然后再为 Kubernetes 配置 Docker。

```
iptables-t nat-F
ip link set docker0 down
ip link delete docker0
```

配置 docker 的方式取决于您是否为网络选择了可路由的虚拟 IP 或 o-
verlay 网络方式。Docker 的建议选项：

（1）为每个节点的 CIDR 范围创建自己的网桥，将其称为 cbr0，并在
docker 上设置--bridge＝cbr0 选项。

（2）设置--iptables＝false，docker 不会操纵有关主机端口的 iptables
（Docker 的旧版本太粗糙，可能会在较新的版本中修复），以便 kube-proxy
管理 iptables 而不是通过 docker。

```
--ip-masq＝false
```

（3）在您把 PodIP 设置为可路由时，需要设置此选项，否则，docker

会将 PodIP 源地址重写为 NodeIP。

（4）某些环境（例如 GCE）需要您对离开云环境的流量进行伪装。这类环境比较特殊。

如果您正在使用 overlay 网络，请参阅这些说明。

--mtu＝

（5）使用 Flannel 时可能需要该选项，因为 udp 封装会增大数据包

--insecure-registry ＄CLUSTER＿SUBNET

（6）使用非 SSL 方式连接到您设立的私有仓库。

如果想增加 docker 的文件打开数量，设置：

DOCKER＿NOFILE＝1000000

此配置方式取决于您节点上的操作系统。例如在 GCE 上，基于 Debian 的发行版使用/etc/default/docker。

通过 Docker 文档中给出的示例，确保在继续安装其余部分之前，您系统上的 docker 工作正常。

2．kubelet

所有节点都应该运行 kubelet。要考虑的参数有：

如果遵循 HTTPS 安全方法，请使用以下参数：

- --api-servers＝https：//＄MASTER＿IP
- --kubeconfig＝/var/lib/kubelet/kubeconfig

如果采取基于防火墙的安全方法，请使用以下参数：

- --api-servers＝http：//＄MASTER＿IP
- --config＝/etc/kubernetes/manifests
- --cluster-dns＝指定要设置的 DNS 服务器地址，（请参阅启动群集服务。）
- --cluster-domain＝指定用于集群 DNS 地址的 dns 域前缀。
- --docker－root＝

- --root－dir＝
- --configure－cbr0＝（如下面所描述的）
- --register－node（在节点文档中描述）

3. kube-proxy

所有节点都应该运行 kube-proxy。（并不严格要求在"主"节点上运行 kube-proxy，但保持一致更简单。）下载使用 kube-proxy 的方法和 kubelet 一样。

要考虑的参数：

如果遵循 HTTPS 安全方法，请使用以下参数：

- --master＝https://$MASTER_IP
- --kubeconfig＝/var/lib/kube-proxy/kubeconfig

如果采取基于防火墙的安全方法，请使用以下参数：

- --master＝http://$MASTER_IP

4. 网络

每个节点需要分配自己的 CIDR 范围，用于 pod 网络。称为 NODE_X_POD_CIDR。

需要在每个节点上创建一个名为 cbr0 的网桥。在网络文档中进一步说明了该网桥。网桥本身需要从 $NODE_X_POD_CIDR 获取一个地址，按惯例是第一个 IP。称为 NODE_X_BRIDGE_ADDR。例如，如果 NODE_X_POD_CIDR 是 10.0.0.0/16，则 NODE_X_BRIDGE_ADDR 是 10.0.0.1/16。注意：由于以后使用这种方式，因此会保留后缀/16。

（1）自动化方式。在 kubelet init 脚本中设置--configure-cbr0＝true 选项并重新启动 kubelet 服务。Kubelet 将自动配置 cbr0。直到节点控制器设置了 Node.Spec.PodCIDR，网桥才会配置完成。由于您尚未设置 apiserver 和节点控制器，网桥不会立即被设置。

（2）使用手动方案。

①在 kubelet 上设置--configure-cbr0＝false 并重新启动。

②创建一个网桥。

③ip link add name cbr0 type bridge。

④设置适当的 MTU。注意：MTU 的实际值取决于您的网络环境。

⑤ip link set dev cbr0 mtu 1460。

⑥将节点的网络添加到网桥（docker 将在桥的另一侧）。

⑦ip addr add ＄NODE＿X＿BRIDGE＿ADDR dev cbr0。

⑧启动网桥。

⑨ip link set dev cbr0 up。

如果您已经关闭 Docker 的 IP 伪装，以允许 pod 相互通信，那么您可能需要为集群网络之外的目标 IP 进行伪装。例如：

```
iptables-t nat-A POSTROUTING ！-d ＄｛CLUSTER＿SUBNET｝-m
addrtype ！--dst-type LOCAL-j MASQUERADE
```

对于集群外部的流量，这将重写从 PodIP 到节点 IP 的源地址，并且内核 连接跟踪 将确保目的地为节点地址的流量仍可抵达 pod。

注意：以上描述适用于特定的环境。其他环境根本不需要伪装。如 GCE，不允许 Pod IP 向外网发送流量，但在您的 GCE 项目内部之间没有问题。

（3）其他。

①如果需要，为您的操作系统软件包管理器启用自动升级。

②为所有节点组件配置日志轮转（例如使用 logrotate）。

③设置活动监视（例如使用 supervisord）。

④设置卷支持插件（可选）。

⑤安装可选卷类型的客户端，例如 GlusterFS 卷的 glusterfs－client。

4.5.3　引导集群启动

虽然基础节点服务（kubelet，kube-proxy，docker）还是由传统的系统管理/自动化方法启动和管理，但是 Kubernetes 中其余的 master 组件都由 Kubernetes 配置和管理。也就是说，它们的选项在 Pod 定义（yaml 或 json）中指定，而不是/etc/init.d 文件或 systemd 单元中。它们由 Kubernetes 而不是 init 运行。

1. etcd

在架设 kubelet 集群时，需要运行一个或多个 etcd 实例。在高可用且易于恢复的要求下，需要运行 3 或 5 个 etcd 实例，将其日志写入由持久性存储（RAID，GCE PD）支持的目录。在非高可用，但易于恢复的要求下，可以只运行一个 etcd 实例，其日志写入由持久性存储（RAID，GCE PD）支持的目录，注意：如果实例发生中断可能导致操作中断。如果要求是高可用的，则建设运行 3 或 5 个非持久性存储 etcd 实例。注意：由于存储被复制，日志可以写入非持久性存储。

要运行一个 etcd 实例，执行以下三个步骤：

（1）复制 cluster/saltbase/salt/etcd/etcd. manifest。

（2）按需要进行修改。

（3）通过将其放入 kubelet 清单目录来启动 pod。

2. Apiserver，Scheduler and Controller Manager

Apiserver，Scheduler 和 Controller Manager 将分别以 pod 形式在主节点上运行。

对于这些组件，启动它们的步骤类似：

（1）从所提供的 pod 模板开始。

（2）将选取镜像中的值设置到 HYPERKUBE _ IMAGE。

（3）使用每个模板下面的建议，确定集群需要哪些参数。

（4）将完成的模板放入 kubelet 清单目录中启动 pod。

（5）验证 pod 是否启动。

完成 Apiserver pod 模板：

```json
{
    "kind":"Pod",
    "apiVersion":"v1",
    "metadata":{
        "name":"kube-apiserver"
    },
    "spec":{
        "hostNetwork":true,
        "containers":[
    {

            "name":"kube-apiserver",
            "image":"${HYPERKUBE_IMAGE}",
            "command":[
                "/hyperkube",
                "apiserver",
                "$ARG1",
                "$ARG2",
                ...
                "$ARGN"
            ],
            "ports":[
                {
                    "name":"https",
                    "hostPort":443,
                    "containerPort":443
                },
    {

                    "name":"local",
```

```
    "hostPort":8080,
        "containerPort":8080
    }
],
"volumeMounts":[
    {
        "name":"srvkube",
        "mountPath":"/srv/kubernetes",
        "readOnly":true
    },
    {
        "name":"etcssl",
        "mountPath":"/etc/ssl",
        "readOnly":true
    }
],
"livenessProbe":{
    "httpGet":{
        "scheme":"HTTP",
        "host":"127.0.0.1",
        "port":8080,
        "path":"/healthz"
    },
    "initialDelaySeconds":15,
    "timeoutSeconds":15
    }
  }
],
"volumes":[
```

```
        {
            "name":"srvkube",
            "hostPath":{
                "path":"/srv/kubernetes"
            }
        },
        {
            "name":"etcssl",
            "hostPath":{
                "path":"/etc/ssl"
            }
        }
    ]
    }
}
```

以下是可能需要设置的一些 apiserver 参数：

- --cloud-provider＝参阅 cloud providers
- --cloud-config＝参阅 cloud providers
- --address＝＄{MASTER_IP}或者--bind-address＝127.0.0.1 和--address＝127.0.0.1 如果要在主节点上运行代理。
- --service-cluster-ip-range＝＄SERVICE_CLUSTER_IP_RANGE
- --etcd-servers＝http://127.0.0.1:4001
- --tls-cert-file＝/srv/kubernetes/server.cert
- --tls-private-key-file＝/srv/kubernetes/server.key
- --admission-control＝＄RECOMMENDED_LIST

如果遵循仅防火墙的安全方法，可使用以下参数：

- --token-auth-file＝/dev/null
- --insecure-bind－address＝＄MASTER_IP
- --advertise-address＝＄MASTER_IP

如果使用 HTTPS 方法，请设置：

- --client-ca-file＝/srv/kubernetes/ca.crt
- --token-auth-file＝/srv/kubernetes/known_tokens.csv
- --basic-auth-file＝/srv/kubernetes/basic_auth.csv

pod 使用 hostPath 卷挂载几个节点上的文件系统目录。这样的目的是挂载/etc/ssl 以允许 apiserver 找到 SSL 根证书，以便它可以验证外部服务，例如一个 cloud provider。

完成 Scheduler pod 模板：

```json
{

    "kind":"Pod",

    "apiVersion":"v1",

    "metadata":{

      "name":"kube-scheduler"

    },

    "spec":{

      "hostNetwork":true,

      "containers":[

        {

          "name":"kube-scheduler",

          "image":"$HYBERKUBE_IMAGE",

          "command":[

            "/hyperkube",

            "scheduler",

            "--master=127.0.0.1:8080",

            "$SCHEDULER_FLAG1",

            ...

            "$SCHEDULER_FLAGN"

          ],
```

```
    "livenessProbe":{
        "httpGet":{
            "scheme":"HTTP",
            "host":"127.0.0.1",
            "port":10251,
            "path":"/healthz"
        },
        "initialDelaySeconds":15,
        "timeoutSeconds":15
    }
}
]
}
}
```

通常，调度程序不需要额外的标志。或者，也可能需要挂载/var/log，并重定向输出到这里。

完成 Controller Manager pod 模板：

```
{
    "kind":"Pod",
    "apiVersion":"v1",
    "metadata":{
        "name":"kube-controller-manager"
    },
    "spec":{
        "hostNetwork":true,
        "containers":[
            {
```

```
"name":"kube-controller-manager",
  "image":"$HYPERKUBE_IMAGE",
  "command":[
    "/hyperkube",
    "controller-manager",
    "$CNTRLMNGR_FLAG1",
    ...
    "$CNTRLMNGR_FLAGN"
  ],
  "volumeMounts":[
    {
      "name":"srvkube",
      "mountPath":"/srv/kubernetes",
      "readOnly":true
    },
    {
      "name":"etcssl",
      "mountPath":"/etc/ssl",
      "readOnly":true
    }
  ],
  "livenessProbe":{
    "httpGet":{
      "scheme":"HTTP",
      "host":"127.0.0.1",
      "port":10252,
      "path":"/healthz"
    },
    "initialDelaySeconds":15,
```

```
          "timeoutSeconds":15
            }
          }
        ],
        "volumes":[
          {
            "name":"srvkube",
            "hostPath":{
              "path":"/srv/kubernetes"
            }
          },
          {
            "name":"etcssl",
            "hostPath":{
              "path":"/etc/ssl"
            }
          }
        ]
      }
    }
```

使用 controller manager 时需要考虑的标志：

（1）-cluster-cidr＝，集群中 pod 的 CIDR 范围。

（2）-allocate-node-cidrs＝，如果您使用--cloud－provider＝，请分配并设置云提供商上的 pod 的 CIDR。

（3）-cloud-provider＝和--cloud-config 如 apiserver 部分所述。

（4）－service-account-private-key-file＝/srv/kubernetes/server. key，由 service account 功能使用。

（5）-master＝127.0.0.1:8080。

启动和验证 Apiserver，Scheduler 和 Controller Manager 将每个完成

的 pod 模板放入 kubelet 配置目录中（kubelet 的参数--config＝参数设置
的值，通常是/etc/kubernetes/manifests）。顺序不重要：scheduler 和 con-
troller manager 将重试到 apiserver 的连接，直到它启动为止。

使用 ps 或 docker ps 来验证每个进程是否已经启动。例如，验证
kubelet 是否已经启动了一个 apiserver 的容器：

```
$ sudo docker ps | grep apiserver：
  5783290746d5                    gcr. io/google _ containers/kube —
apiserver：e36bf367342b5a80d7467fd7611ad873                  "/bin/
sh-c '/usr/lo'"      10 seconds ago      Up 9 seconds
                  k8s_kube-apiserver. feb145e7_kube-apiserver-
kubernetes-master _ default _ eaebc600cf80dae59902b44225f2fc0a
_225a4695
```

然后尝试连接到 apiserver：

```
$ echo $ (curl-s http://localhost：8080/healthz)
  ok
  $ curl-s http://localhost：8080/api
  {
    "versions"：[
      "v1"
    ]
  }
```

如果您为 kubelet 选择了--register-node＝true 选项，那么它们向
apiserver 自动注册。您应该很快就可以通过运行 kubectl get nodes 命令查
看所有节点。否则，您需要手动创建节点对象。

4.5.4　故障排除

排查集群状态异常问题通常从 Node 和 Kubernetes 服务的状态出发，
定位出具体的异常服务，再进而寻找解决方法。集群状态异常可能的原因

比较多，常见的有：虚拟机或物理机宕机，网络分区，Kubernetes 服务未正常启动，数据丢失或持久化存储不可用（一般在公有云或私有云平台中），操作失误（如配置错误）。

按照不同的组件来说，具体的原因可能包括：

（1）kube-apiserver 无法启动会导致集群不可访问，已有的 Pod 和服务无法正常运行（依赖于 Kubernetes API 的除外）。

（2）etcd 集群异常会导致 kube-apiserver 无法正常读写集群状态，进而导致 Kubernetes API 访问出错，kubelet 无法周期性更新状态。

（3）kube-controller-manager/kube-scheduler 异常会导致复制控制器、节点控制器、云服务控制器等无法工作，从而导致 Deployment、Service 等无法工作，也无法注册新的 Node 到集群中来，新创建的 Pod 无法调度（总是 Pending 状态）。

（4）Node 本身宕机或者 Kubelet 无法启动会导致 Node 上面的 Pod 无法正常运行，已在运行的 Pod 无法正常终止。

（5）网络分区会导致 Kubelet 等与控制平面通信异常以及 Pod 之间通信异常。

为了维持集群的健康状态，推荐在部署集群时就考虑以下几个方面。

（1）在云平台上开启 VM 的自动重启功能。

（2）为 Etcd 配置多节点高可用集群，使用持久化存储（如 AWS EBS 等），定期备份数据。

（3）为控制平面配置高可用，比如多 kube-apiserver 负载均衡以及多节点运行 kube-controller-manager、kube-scheduler 以及 kube-dns 等。

（4）尽量使用复制控制器和 Service，而不是直接管理 Pod。

（5）跨地域的多 Kubernetes 集群。

1. 查看 Node 状态

一般来说，可以首先查看 Node 的状态，确认 Node 本身是不是 Ready 状态。

kubectl get nodes

kubectl describe node <node-name>

如果是 NotReady 状态，则可以执行 kubectl describe node ＜node-name＞命令来查看当前 Node 的事件。这些事件通常都会有助于排查 Node 发生的问题。

2. SSH 登录 Node

在排查 Kubernetes 问题时，通常需要 SSH 登录到具体的 Node 上面查看 kubelet、docker、iptables 等的状态和日志。在使用云平台时，可以给相应的 VM 绑定一个公网 IP；而在物理机部署时，可以通过路由器上的端口映射来访问。但更简单的方法是使用 SSH Pod（不要忘记替换成你自己的 nodeName）：

```
# cat ssh.yaml
apiVersion：v1
kind：Service
metadata：
  name：ssh
spec：
  selector：
    app：ssh
  type：LoadBalancer
  ports：
  -protocol：TCP
    port：22
    targetPort：22
---
apiVersion：extensions/v1beta1
kind：Deployment
metadata：
  name：ssh
  labels：
```

```
          app:ssh
spec:
  replicas:1
  selector:
    matchLabels:
      app:ssh
  template:
    metadata:
      labels:
        app:ssh
    spec:
      containers:
      -name:alpine
        image:alpine
        ports:
        -containerPort:22
        stdin:true
        tty: true
      hostNetwork:true
      nodeName:<node-name>


$ kubectl create-f ssh.yaml
$ kubectl get svc ssh
NAME       TYPE          CLUSTER-IP      EXTERNAL-IP
    PORT(S)         AGE
ssh        LoadBalancer   10.0.99.149     52.52.52.52    22:32008/
TCP    5m
```

接着，就可以通过 ssh 服务的外网 IP 来登录 Node，如 ssh user@52.
52.52.52。

在使用完后，不要忘记删除 SSH 服务 kubectl delete-f ssh.yaml。

3. 查看日志

一般来说，Kubernetes 的主要组件有两种部署方法，一种是直接使用 systemd 等启动控制节点的各个服务；另一种是使用 Static Pod 来管理和启动控制节点的各个服务。

使用 systemd 等管理控制节点服务时，查看日志必须要首先 SSH 登录到机器上，然后查看具体的日志文件。如：

```
journalctl-l-u kube-apiserver
journalctl-l-u kube-controller-manager
journalctl-l-u kube-scheduler
journalctl-l-u kubelet
journalctl-l-u kube-proxy
```

或者直接查看日志文件

- /var/log/kube-apiserver.log
- /var/log/kube-scheduler.log
- /var/log/kube-controller-manager.log
- /var/log/kubelet.log
- /var/log/kube-proxy.log

而对于使用 Static Pod 部署集群控制平面服务的场景，可以参考下面这些查看日志的方法。

（1）kube—apiserver 日志。

```
PODNAME= $（kubectl-n kube-system get pod-l component=
kube—apiserver-o jsonpath='｛. items［0］. metadata. name｝'）
kubectl-n kube-system logs $PODNAME--tail 100
```

（2）kube-controller-manager 日志。

```
PODNAME = $（kubectl-n kube-system get pod-l component =
kube-controller-manager-o jsonpath='{.items[0].metadata.name}'）
kubectl-n kube-system logs $ PODNAME--tail 100
```

（3）kube-scheduler 日志。

```
PODNAME = $（kubectl-n kube-system get pod-l component =
kube-scheduler-o jsonpath='{.items[0].metadata.name}'）
kubectl-n kube-system logs $ PODNAME--tail 100
```

（4）kube-dns 日志。

```
PODNAME= $（kubectl-n kube-system get pod-l k8s-app=kube-
dns-o jsonpath='{.items[0].metadata.name}'）
kubectl-n kube-system logs $ PODNAME-c kubedns
```

（5）Kubelet 日志。

查看 Kubelet 日志首先需要 SSH 登录到 Node 上。

```
journalctl-l-u kubelet
```

（6）Kube-proxy 日志。Kube-proxy 通常以 DaemonSet 的方式部署。

```
$ kubectl-n kube-system get pod-l component＝kube-proxy
NAME              READY      STATUS       RESTARTS      AGE
kube-proxy-42zpn   1/1       Running          0          1d
kube-proxy-7gd4p   1/1       Running          0          3d
kube-proxy-87dbs   1/1       Running          0          4d
$ kubectl-n kube-system logs kube-proxy-42zpn
Kube-dns/Dashboard CrashLoopBackOff
```

由于 Dashboard 依赖于 kube-dns，所以这个问题一般是由于 kube-dns

无法正常启动导致的。查看 kube-dns 的日志：

```
$ kubectl logs--namespace＝kube-system $（kubectl get pods--
namespace＝kube-system-l k8s-app＝kube-dns-o name）-c kubedns
    $ kubectl logs--namespace ＝ kube-system $（kubectl get
pods--namespace ＝ kube-system-l k8s-app ＝ kube-dns-o name）-
c dnsmasq
    $ kubectl logs--namespace ＝ kube-system $（kubectl get
pods--namespace ＝ kube-system-l k8s-app ＝ kube-dns-o name）-
c sidecar
```

可以发现如下的错误日志。

```
Waiting for services and endpoints to be initialized from apiserver...
skydns：failure to forward request"read udp 10.240.0.18：47848－＞
168.63.129.16：53：i/o timeout"
Timeout waiting for initialization
```

这说明 kube-dns pod 无法转发 DNS 请求到上游 DNS 服务器。解决方法为：

（1）如果使用的 Docker 版本大于 1.12，则在每个 Node 上面运行 pt-ables-P FORWARD ACCEPT。

（2）等待一段时间，如果还未恢复，则检查 Node 网络是否正确配置，比如是否可以正常请求上游 DNS 服务器、是否有安全组禁止了 DNS 请求等。

如果错误日志中不是转发 DNS 请求超时，而是访问 kube-apiserver 超时，比如：

```
E0122 06:56:04.774977          1 reflector.go:199] k8s.io/dns/ven-
dor/k8s.io/client-go/tools/cache/reflector.go:94: Failed to list *
v1.Endpoints: Get https://10.0.0.1:443/api/v1/endpoints? re-
sourceVersion=0:dial tcp 10.0.0.1:443: i/o timeout
I0122 06:56:04.775358          1 dns.go:174] Waiting for services
and endpoints to be initialized from apiserver...
E0122 06:56:04.775574          1 reflector.go:199] k8s.io/dns/ven-
dor/k8s.io/client-go/tools/cache/reflector.go:94: Failed to list *
v1.Service: Get https://10.0.0.1:443/api/v1/services? resource-
Version=0: dial tcp 10.0.0.1:443: i/o timeout
I0122 06:56:05.275295          1 dns.go:174] Waiting for services
and endpoints to be initialized from apiserver...
I0122 06:56:05.775182          1 dns.go:174] Waiting for services
and endpoints to be initialized from apiserver...
I0122 06:56:06.275288          1 dns.go:174] Waiting for services
and endpoints to be initialized from apiserver...
```

这说明 Pod 网络(一般是多主机之间)访问异常,包括 Pod-Node、Node-Pod 以及 Node-Node 等之间的往来通信异常。可能的原因比较多,具体的排错方法需要结合网络调试。

参考文献

［1］RedHat Enterprise Linux System Administrator Guide.

https：//access. redhat. com/documentation/en-US/Red ＿ Hat ＿ Enterprise ＿ Linux/7/pdf/System ＿ Administrators ＿ Guide/Red ＿ Hat ＿ Enterprise_Linux-7-System_Administrators_Guide-en-US.pdf

［2］Evi Nemeth and Garth Snyder，UNIX and Linux System Adminis-tration Handbook（5th Edition），2017.

［3］NigelPoulton，The Kubernetes Book，2017.

［4］Chen Bo. Implementation of Parallel Lanczos Method for Intrusion Detection with Cloud Technologies［J］. Applied Mechanics and Materials，303-306：4.

［5］Chen Bo.A Game Based Interactive Development Environment for Non-Computer ScienceMajors［J］.ERMM，2014.

［6］Chen Bo.Designing Access Control Policy using Formal Concept A-nalysis［J］.Applied Mechanics and Materials，v 602-605，p 3822-3825，2014.

［7］Chen Bo. A Resilient Key Distribution Protocol for Dynamic Groups.［J］.CSNS，2014.

［8］朱居正.Red Hat Enterprise Linux 系统管理［M］.北京：清华大学出版社,2018.3.

［9］老男孩.跟老男孩学 Linux 运维：核心基础篇（上）［M］.北京：机械工

业出版社,2018.

[10] 余洪春.Linux 集群和自动化运维[M].北京:机械工业出版社,2016.

[11] 龚正等.Kubernetes 权威指南[M].北京:机械工业出版社,2016.

[12] 闫健勇.Kubernetes 权威指南企业级容器云实战[M].北京:电子工业出版社,2016.

[13] 陈波,潘永涛,陈铁明.基于多层 SimHash 的 Android 恶意应用程序检测方法[J].通信学报,2017.